日米安保再編と沖縄

最新沖縄・安保・自衛隊情報

小西 誠

社会批評社

まえがき

沖縄の普天間飛行場の移転をめぐる問題は、現在、毎日のようにめまぐるしく動いている。おそらく、この書籍が発行される本年4月上旬には、相当の問題が噴出しているかもしれない。

この本の執筆がほぼ完了した3月初旬、ちょうど朝日新聞は、普天間問題に関する興味あるインタビューを行っている（2010年3月4日付朝刊）。元米国防副次官リチャード・ローレンスのインタビューだ。

この報道によると、ローレンスは米軍普天間飛行場の移設をめぐる現行の「辺野古沿岸建設合意案」に、米政府代表として関わった人物である。この立場から彼は、この間の鳩山政権の「辺野古陸上建設案（キャンプ・シュワブ内陸上案）」に対して、「普天間飛行場の代替施設としては能力的に不十分」といい、それ以外の代替案もすべて検討済みで、実現可能なものはあり得ないとし、もしも鳩山政権が現行合意案（辺野古沿岸）以外の案を提示してきた場合には、「海兵隊は普天間に居座るしかない」と答えたという。

問題は、ローレンスの、この後に続く言葉だ。――普天間がこのまま継続使用になっても長続きはせず、海兵隊は普天間から撤退しなければならない。もし撤退となればヘリ部隊にとどまらず、同じく沖縄県内に駐留している歩兵部隊、さらには佐世保を母港とする海軍の強襲揚陸艦、岩国飛行場に駐留する戦闘攻撃隊にも広がる可能性がある――。

朝日新聞の記事によれば、ローレンスは「日米同盟の抑止力を損なう」とか、「米軍のアジア太平洋地域の兵力構成を大きく変更」とか、「撤退が引き起こす連鎖反応を甘くみるべきではない」などと、先のゲーツ米国防長官並の、恫喝・警告を発したという。

だが、私たちはこう言うべきだ。ローレンスよ、君は何も沖縄を理解していない! 日本を理解していない! 沖縄をはじめ、日本の民衆がいま望んでいるのは、まさしくローレンスがいみじくも語る「普天間閉鎖―沖縄海兵隊撤退―佐世保・岩国の海兵隊撤退」という、「平和への連鎖」であり、このような流れとなる運動だ。つまり、アメリカ海兵隊の、沖縄・日本からの完全かつ全面的な撤退である。

このような海兵隊の撤退、そして沖縄を中心とする在日米軍の縮小・廃止―日米安保体制の破棄のために、私たちはどのような認識を持つのか、という問題意識をもとに本書は執筆された。特に、日米安保条約改定50年目を迎えた節目の年である今日、本書をきっかけにして、日米安保をめぐる論議が大いに高まることを期待したい。

2010年3月10日

著　者

目次

■日米安保関係資料 169

本文写真提供・「平和フォーラム」ほか

序論　鳩山政権と米軍普天間飛行場の移転問題

三党連立政権の迷走

米軍・普天間飛行場の、少なくとも沖縄県外移転を掲げて成立した鳩山政権（09年7月、衆院選で沖縄入りした際の「最低でも県外への移設」鳩山発言）は、昨年の年末以来、普天間移転と辺野古新基地建設問題をめぐって、迷走に迷走を重ねている。当初、鳩山民主党政権内の閣僚たちの不協和音に苦しんだ鳩山首相は、いまでは三党連立政権内の矛盾・対立に苦しみ始めている。

鳩山民主党政権としては、政権内に社民党を抱え込んでいるわけだから、とりあえずは社民党の意向（普天間飛行場の県外・国外移転）を汲まないわけにはいかない。しかし、昨年10月に来日したゲーツ米国防長官の、「普天間移設がなければ、海兵隊のグアムへの移転はない。沖縄への土地返還もない」という警告（恫喝）にもあるように、アメリカ側は一貫して既存の政策を変えようとしていないことは明らかだ。確かにこの間、いくらかアメリカ側から、一定の柔軟な声は聞こえてくる。だが、アメリカのアジア太平洋戦略を基本的に変更していないオバマ政権にとって、海兵隊の沖縄へのプレゼンスの方針に変わりはないのである。

そして、2010年。年頭からの鳩山民主党・三党連立政権の混迷は、ますます深まり始めている。

連立政権を形成する社民党は、その普天間飛行場の県外・国外移転という方針から、今年2月には、普天間のグアム移転—九州北部移転案（大村空港など）を打ちだしている。グアム移転案はともかく、北部九州案（第2案）に至っては、九州の心ある住民から大変な不評を買っている。

この社民党のグアム—北部九州移転案を見透かすように、国民新党は同年2月、「辺野古陸上建設案（米軍キャンプ・シュワブ内）」を打ちだした。沖縄出身国会議員を使った国民新党の案は、実際は「隠れた政府案」とも言われている。それを暴露するかのように、「ゼロベース」を繰りかえす鳩山首相や平野官房長官の言動の端々から、「辺野古陸上案」が漏れ伝わっている。つまり、普天間問題の2010年5月決着を掲げる鳩山民主党の、事前の沖縄への「根回し」（沖縄民衆無視！）が、この辺野古陸上案の意図的垂れ流しなのである。

しかし、今年1月の名護市長選挙での、辺野古新基地建設反対派の勝利にもかかわらず、鳩

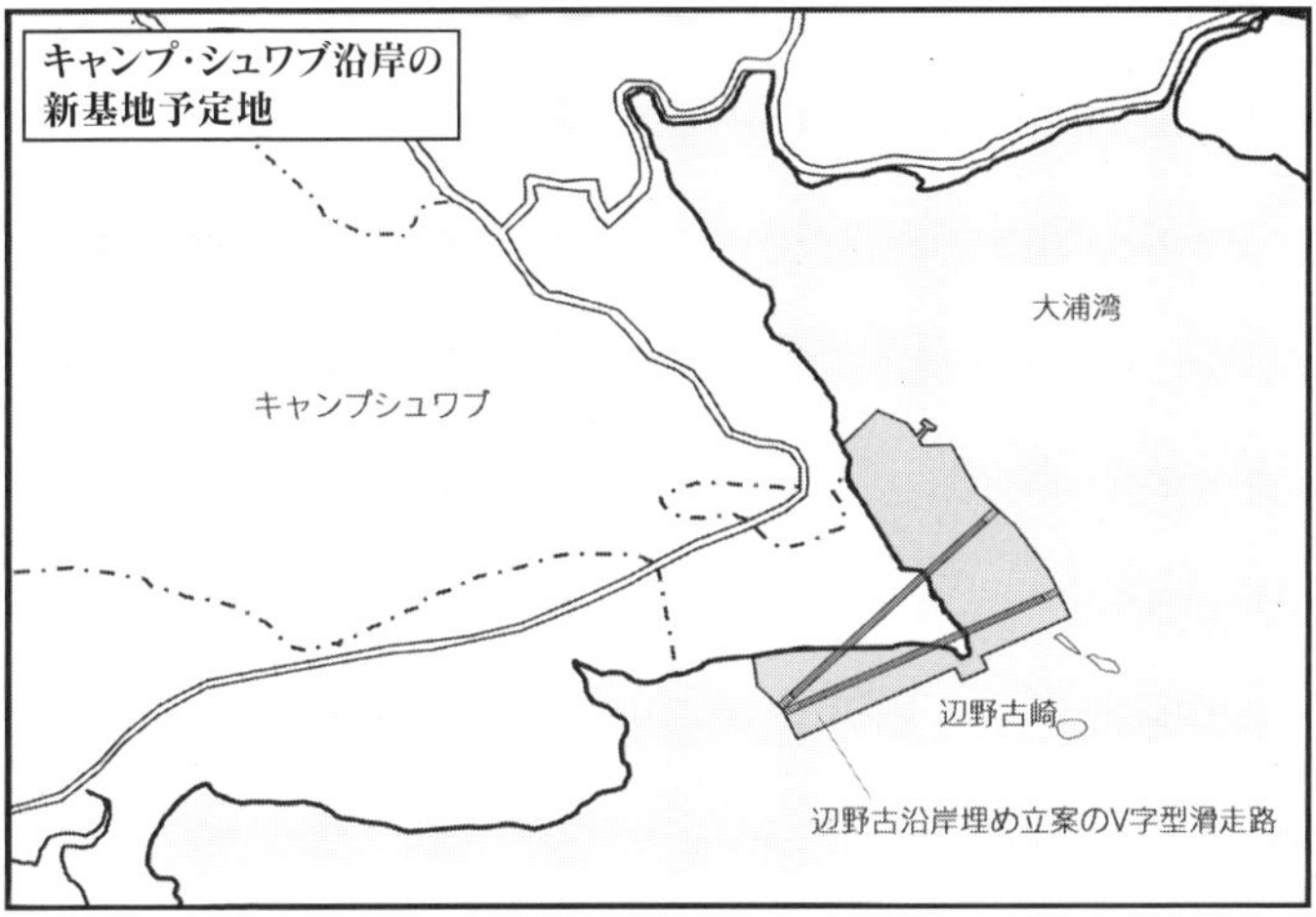

山政権はこの期に及んでも、辺野古に海兵隊新基地を建設することができると思っているのだろうか？

沖縄の意思・民意は明白だ。昨年11月8日の沖縄大集会、そして今年2月の県議会での「県内移設反対の意見書」全会一致の採択をはじめ、今や「普天間飛行場閉鎖・辺野古新基地断念」の叫びは、全島的に燃え広がっている。

いや、沖縄民衆の、普天間ＮＯ！　という反米軍基地の意思は、まさに爆発寸前と言える状況にまで高まっている。

この沖縄の怒りの声を「斟酌しない」（名護市長選挙の反対派の勝利に対する平野官房長官発言）と言うなら、「沖縄のマグマ」は「ヤマト政府」に対して、必ず噴火するのは間違いない。

海兵隊はいらない！

おそらく、鳩山政権・三党連立政権の普天間・辺野古問題の対処については、多くの人々が根本的疑問を持ち始めている。それは、この間の議論が普天間飛行場の「移転先探し」、つまり、移転先をめぐる「技術論」に終始しているからだ。

問われているのは、沖縄の米海兵隊をどうするのか、米軍基地をどうするのか、また、冷戦終焉後の日米安保をどうするのか、ということだ。この根本的議論こそが、徹底的になされなければならない。

鳩山民主党は、「政権取り」が見えてきた段階で少し後退してしまったとはいえ、一応そのマニフェストに、「緊密で対等な日米関係を築く」と謳い、「日米地位協定の改定を提起し、米軍再編や在日米軍基地のあり方についても見直しの方向で臨む」と述べている。

少なくとも、民主党はマニフェストで、「対等な日米関係」を掲げるなら、日米安保体制の今日の在り方について、根本的な見直しを行うべきだ。実際、普天間飛行場の辺野古への移転合意は、米共和党政権と自民党政権による合意でしかなかったのであり、双方で政権交代がなされた現在、この合意そのものが全面的に見直されるのは当然ではないか。現実に、従来の

市街地にある米海兵隊・普天間飛行場

日米両政権の、普天間飛行場問題の背景にあるアジア情勢認識や戦略などは、鳩山新政権の認識とは異なって当然なのであるから、その政策が変わるのと当然と言えよう。

　結論を言うなら、問題の本質にあるのは、今日のアジア情勢の中で沖縄の海兵隊は本当に必要なのか、日米安保体制は本当にこのままでいいのか、ということなのだ。

　沖縄米軍基地の存在の根本にあるこの問題を、なぜか鳩山民主党も、社民党などの連立政権側も、まったく論じようとしない。おそらく社民党などは、その「日米安保容認論」などが桎梏となっていて、この問題に触れることさえ怖がっているのかもしれない。だが、いずれにしても、この日米安保体制に関わる根本問題、あるいはその最小限の問題として「沖縄に海兵隊が必要かどうか」を、根本的に論じるべきときがきている。

沖縄海兵隊の存在の是非をめぐる問題は、言うまでもなく、日米安保体制の是非をめぐる問題に行き着く。しかしその前に、最小限の問題としてまずは、この海兵隊の存在の是非が問われなくてはならない。

ところで、沖縄には、なぜ海兵隊が配備されているのか？　周知のように、これはアメリカのアジア戦略、米軍のアジア太平洋軍事戦略の問題である。この内容は、本書で詳しく論じるつもりだ。しかし、この冒頭であえて結論を言うなら、海兵隊の存在の意味は、基本的にアジア情勢との関係―アメリカの対中抑止戦略―中国脅威論との関係で論じなければならないということだ。

つまり、沖縄海兵隊の存在、そして今日の在日米軍の存在は、「中国脅威論の是非」との関係で論じない限り、何らの解決にも到達しないということなのだ。本書はその意味で、アメリカ国防総省の、アジア太平洋戦略と沖縄の関係について論じたいと思う。

自衛隊の沖縄重視戦略

この間の、鳩山政権・三党連立政権の普天間問題などの論議をみていると、海兵隊の存在の是非を論ずるための、もう一つの大きな問題が見落とされている。それは、沖縄駐留の海兵隊と共同演習を行い、いまそれと一体化しつつある自衛隊の「沖縄重視戦略」「南西重視戦略」との関係である。

2004年の新防衛大綱（以下「04大綱」という）、そして、2005年の「日米同盟 未来のための変革と再編」（以下「05安保再編」という）による米軍と自衛隊の一体化、日米安保体制の「再編・再定義」は、沖縄の新たな基地の強化をつくりだしている。ここでいう沖縄基地とは、米軍基地と自衛隊基地の双方の意味である。

この沖縄における自衛隊基地の強化、その背景にある自衛隊の「南西重視戦略」については、沖縄のメディアを除いて、ほとんど知られていない。というか、本土のマスメディアが、自衛隊の戦略の大転換について、意図的に隠蔽しているとしか思えない。というのは、自衛隊自身は、先の04大綱において、この南西重視戦略について公然かつ積極的に打ちだしているからである。本書では、この04大綱をはじめ、自衛隊の南西重視戦略について、詳細に論じたいと思う。

自衛隊の南西重視戦略は、言うまでもなく、米海兵隊のアジア太平洋戦略と連動している。つまり、先に述べてきた、アメリカの対中国抑止戦略―中国脅威論という「共通の戦略目標」（05年日米安保協議委員会の決定、いわゆる「2＋2」）のもとに、自衛隊の南西重視戦略が採られているということだ。

ここでも問題は、中国脅威論の是非に行き着く。こういう意味で、本書の記述の焦点、問題意識の重点は、この中国脅威論の是非をめぐる論議を明確にすることにある。言い換えれば、鳩山民主党・三党連立政権の、普天間・辺野古問題の迷走する議論の根本には、この中国脅威論の是非をめぐる議論が根本的に抜け落ちているということなのだ。

そして、ここでいう中国脅威論は、1990年代から2009年まで続いた自民党政権のアジア情勢認識であり、戦略認識である。また、アメリカでは、この同時期の民主党―共和党政権のアジア情勢認識であり、太平洋戦略である。だから問題は、この自民党政権やアメリカ政府の、中国脅威論―日米安保体制を継承するのか否か、これが現在の最大のテーマなのだ。

本書では、以上の問題意識にもとづいて、最新の安保・沖縄情報、自衛隊情報を提供したいと思う。これによって、この間の普天間・辺野古をめぐる議論に一石を投じることができれば幸いである。

第1章　検証　冷戦後の日米安保体制

冷戦終焉後の「同盟漂流」

１９８９年〜１９９１年の、ソ連・東欧の崩壊―冷戦の終焉によって、日米安保体制のその成立以来の存在意義は、根本から失われてしまった。日米安保体制は、１９５２年の発効以来、言うまでもなく東西対立による戦後冷戦政策の一環として、つまり、対ソ抑止戦略の一環として存在したのである。

もちろん、戦後の冷戦のはじまりにおいて、日米安保体制は対ソ連だけでなく、中国・北朝鮮に対しても抑止の対象にしていたことは明らかだ。しかし、戦後冷戦の開始の中で、中国・北朝鮮はアメリカにとって対ソ抑止戦略の構成要素の一部でしかなかった。というのは、革命中国は、まだ生まれたばかりであったし、朝鮮戦争で南北に分断された北朝鮮もまた、アメリカにとってはその存在意義は薄かったと言えよう。そしてその後、１９７０年代から80年代にかけての中ソ対立によって、対ソ抑止的（対抗的）な米中・日中提携がはじまり、「中国脅威論」は、大幅に後退しつつ、失われていくのである。

冷戦の終焉によって、日米安保体制がその存在の意義を失ったことは、１９９１年の湾岸戦争の勃発においても揺らぐ問題ではない。もとより、イラク—中東地域は、日米安保条約の適用範囲ではないし、その対象の想定さえされていなかったからだ（日米安保条約第6条「極東条項」）。

したがって、この90年を前後とする冷戦終焉後、アメリカでは「平和の配当」を求める世論が広がり、米軍の軍縮・軍事費削減の動きは必至となっていく（90年代前半には、約25％の国防費削減）。また、ヨーロッパでも、ＮＡＴＯの大幅な軍縮が始まっていた。しかし、日本では、そのような世論が広がることはなかった。というよりも、「軍縮を求める世論」は、マスメディアによって「国際貢献論」という方向に誘導されていった、と言うべきだ。

91年の湾岸戦争は、その転機となった。このアメリカの戦争に「戦費支援」を求められた日本は、多額の戦争費用を供出するとともに、ペルシャ湾海域に海上自衛隊の掃海部隊を送ったのだ。戦後初めての、自衛隊の海外派兵である。そして、92年のカンボジア和平に対しては、これも戦後初めてのＰＫＯ（国連平和維持作戦）法の成立と、カンポジアへの自衛隊のＰＫＯ派兵を強行したのだ。

「国際貢献論」の合唱と実戦的な自衛隊の海外派兵の展開、これらに押し殺されるかのように、日本の防衛費は軍縮どころか、冷戦後においてもますます増大していくことになったのである。

加えて、1994年、アジアにおいては、朝鮮半島の危機が演出されていく。この「危機」は、明らかにアメリカと日本の支配層による「危機の演出」であった。つまり、冷戦終焉後、アジアにおいて脅威を喪失してしまった米軍と自衛隊は、その軍事力を維持し強化するために、「新たな脅威」を必要としていたということだ。

これらの状況に一役買っていたのが、後述する小沢一郎（当時の細川連立政権を支える「新生党代表幹事」）による「国連安保論」の提唱である。これを一言で言えば、冷戦終焉後の日本は、日米安保に替わって「国連安保」体制を安全保障の基本政策として採るべきことを提言するものだ。

イラク・サマワの陸自

つまり、冷戦終焉後、日本の政府・支配層の中からも、日米安保体制の後景化や不要論が出始めたということだ。これが後に、日米の政府を含めた支配層の間から、「同盟漂流」と言われる出来事の背景である。言い換えるなら、湾岸戦争によっても、朝鮮半島の危機の演出によっても、東西冷戦終焉後の日米安保体制の存在意義は大きく後退し、失われつつあることを、支配層の側から承認せざるを得なかったということだ。

「日米安保共同宣言」による安保再定義

この冷戦終焉後の、日米安保体制の「漂流」を率直に表しているのが、1995年2月に発表された「ナイ・リポート」（東アジア戦略報告）だ。この内容については後述するが、その作成の中心にあったジョゼフ・ナイは、この間の事情について以下のように述べている（『世界週報』97年1月号）。

「94年11月、米国と日本は、両国の同盟を再確認して活性化させることを目的とした集中的な対話を開始した。95年、この対話は、寛大な駐留経費負担の更新、日本の防衛計画の大綱、そして社会党出身の首相による関係維持確認への表明へとつながった。このイニシアティブの総まとめは、96年4月、クリントン大統領と橋本首相が署名した安保共同宣言だった」

このナイの言明にあるとおり、1996年4月のクリントンと橋本首相（当時）の「日米安保共同宣言」は、日米安保離れ――「同盟漂流」に対する日米政府の危機感から演出されたものであったのだ。

では、この「日米安保共同宣言」によって何が決定・合意されたのか？「日米安保の再定義」と言われるその内容を、詳しく検討してみよう。

「日米安全保障共同宣言―21世紀に向けての同盟」というその文書は、まず冒頭で「**日米両国の将来の安全と繁栄がアジア・太平洋地域の将来と密接**に結びついている」といい、具体的にはその「地域情勢」の項目で、「冷戦の終結以来、世界的な紛争の可能性は遠のいている」、しかし、アジア太平洋地域は「**依然として不安定性及び不確実性が存在**する。朝鮮半島における緊張は続いている」といい、この地域の危機を強調している。そして、そのためには日米同盟を、「**21世紀に向けてアジア太平洋地域において安定的で繁栄した情勢を維持するための基礎**でありつづけることを再確認」する、「米国が引き続き軍事的プレゼンスを維持することは、不可欠」とし、この地域への米国のコミットメントを強調する。さらに、「約10万人の前方展開軍事要員からなる現在の兵力構成を維持することが必要であることを再確認」するというものである。

こうした日米安保体制の「再定義」の上に、「宣言」は、具体的な日米軍事態勢の強化を確認している。それは、第1には、1978年の「**日米防衛協力のための指針**」（旧ガイドライン）の見直し開始、第2には、「**日本周辺地域において発生しうる事態**」での日米協力、つまり、「周辺事態における日米間協力の促進」であり、第3には、SACO合意（「沖縄に関する特別行動委員会」）の再確認である。

以上のように、合意された「日米安保共同宣言」でもっとも重要なものは、「日米安保の再定義」という口実のもと、事実上の日米安保条約の改定に踏み込んだことだ。つまり、安保条約第6条にいう「極東条項」（極東の範囲は政府の見解では、「大体においてフィリピン以北、日本及びその周辺地域」と定義される）を大幅に逸脱し、日米安保体制の適用対象（範囲）を「**極東からアジア太平洋地域**」へ、なし崩し的に確大したということだ。

これは、後述する冷戦後の日米両軍の対ソ抑止戦略の崩壊の中で、日米安保の対象地域・範囲を拡大するばかりか、日米両軍の任務をも、LIC戦略―地域紛争対処戦略へとなし崩し的に転換したのである。

言い換えると、「日米安保共同宣言」は、冷戦後数年して、日米安保の対象を「ソ連脅威論」（プラス北朝鮮脅威論）から、地域紛争脅威論（民族紛争―テロ脅威論）へ転換したということだ（ここでは北朝鮮脅威論は存続しているが、中国脅威論はまだ言われていない。1980年代の終わりから、米国防総省の国防報告の中では、地域紛争対処論［LIC］が頻繁に登場し始める）。

そして、この「日米安保共同宣言」と前後して、同年4月15日、日米安保協議委はSACOの中間報告を受け、普天間を含む在沖米軍基地の一部の返還を決定した。その内容は、「今後5～7年以内に十分な代替施設が完成し運用可能になった後、普天間飛行場を返還する」というものである（他には読谷飛行場などの返還）。このSACOは、1995年11月に日米政府間で設置されたものである。

ここでもっとも重要なのは、「日米安保共同宣言」の内容は、日米安保の「再定義」ではまったくないということだ。それは、新たな「日米安保条約の締結」に等しい内容である。そして、この日米安保条約の大改訂とも言える「日米安保共同宣言」の合意は、90年代後半の日本における安保政策を大きく転換させるものとなった。さらに、そのように大転換された日本の安保防衛政策は、21世紀の日本の進むべき道を決定的に制約するものとなったのだ。

新防衛大綱と新ガイドラインの連携

さて、「日米安保共同宣言」の合意によって実戦的に見直されたのが、1978年制定の「日米防衛協力のための指針」（日米ガイドライン、以下改訂後の指針を「97ガイドライン」という）であるが、この内容を検討する前に、これと一体的に見直された1995年の「新防衛計画の大綱」（以下「95大綱」という）についてみてみよう。すでに述べてきたナイ・リポートにもあるとおりだが、95大綱の策定自体が、「同盟漂流」による日米安保再定義の結果であるからだ。

95大綱は、最初の「国際情勢」のところで、「冷戦の終結等に伴い、圧倒的な軍事力を背景とする東西間の軍事的対峙の構造は消滅し、世界的な規模の武力紛争が生起する可能性は遠のいている」と、冷戦の終焉をこの段階でようやく認めた。ソ連の崩壊から、すでに5年近くも過ぎているのである。だが、この文書は、「**宗教上の対立・民族問題等の対立は、むしろ顕在化し、複雑で多様な地域紛争が発生**」といい、また、「我が国周辺地域では、朝鮮半島の緊張が継続」しているから、「我が国の安全に重大な影響を与える事態が発生する可能性は否定できない」と述べる。

ここで95大綱は、対ソ抑止戦略―ソ連脅威論に替わる「**新たな脅威**」として、「**地域紛争脅威論**」を唱え始めるのであるが、これだけでは旧ソ連の巨大な軍事力に対した自衛隊戦力の維持・強化を行うのは無理と見たのか、「北朝鮮脅威論」をも新たに強調する。

95大綱は、この「地域紛争対処」という「新たな脅威」に重点を置いた防衛力整備を行うというが、すでに「世界的な規模の武力紛争が生起する可能性は遠のいている」、すなわち、日本が対象としてきた国家間の戦争が消滅している中で、この95大綱がいう「我が国の防衛」という任務は、ほとんどその意味を喪失しつつあると言っていい。

そこで95大綱は、新たな自衛隊の任務として「**大規模な災害等の各種の事態への対応**」というものを追加した。これは具体的には、「**大規模な自然災害、テロリズムにより引き起こされた特殊な災害その他の各種事態**」と規定する。つまり、ここでは自衛隊の「新たな任務」とし

在イラク米軍のチェック・ポイント

ては、「大規模自然災害・特殊な災害」が言われているだけだ。しかし、よく注意して読むと、**「その他の各種事態」**という新たな任務が、こっそりと付け加えられているのである。

この規定は、95大綱での政府の自信のなさを象徴している表現かもしれない。大規模災害などは、阪神・淡路大震災という事態を受けてのことであるとしても、災害派遣はもともと自衛隊の「余技」としての任務である。ここでことさら「新たな任務」として規定するほどのものではない。したがって、ここでの規定の核心は「その他各種事態」にあるのだが、これでは「各種事態」がどのような任務なのか、サッパリ分からない。あえて隠されているとも言えよう。

しかし、95大綱の定める「各種事態」の内容は、その後に策定される97ガイドラインによって明らかとなる。「**対ゲリラ・コマンドウ対処**」という**新任務**である。つまり、95大綱と97ガイドラインは、連携して策定されているわけだが、冷戦後の米国の新戦略である地域紛争対処戦略―対ゲリラ・コマンドウ作戦が、ここでは未だ明確にはされていないということだ。

95大綱でもう一つ強調されているのが、日米安保態勢の強化である。ここでは、「我が国周辺地域において我が国の平和と安全に重要な影響を与える事態が発生した場合」と抽象的にではあるが、「日米安保共同宣言」でいう「周辺事態」を唱え、「日米安保体制の円滑かつ効果的運用」と、後の97ガイドライン策定へ繋がる日米軍事力の強化を謳っている。

新ガイドラインと有事法制の成立

さて、この95大綱と連携して策定された97ガイドラインであるが、これは「日米安保共同宣言」にもとづき、「宣言」の1年後の1997年9月23日に合意された。この97ガイドラインは、旧ガイドラインとの比較では、明らかに日米安保態勢の強化が一段と際だっているのが特徴である。

ところで、97ガイドラインは、「指針の目的」という冒頭の項目で、「日本に対する武力攻撃及び**周辺事態に際してより効果的かつ信頼性のある日米協力**」を示すとし、先の「日米安保共同宣言」のいう「**周辺事態対処**」を、初めて自衛隊の新任務として追加したのだ。言うまでもなく、ここにいう「日本に対する武力攻撃」は枕詞でしかない。眼目は「周辺事態」だ。というのは、この97ガイドラインの合意後に、次々と制定されていくのが有事法制であるが、この有事法制の制定には、「日本に対する武力攻撃」という口実が必要なのである。

問題は、この97ガイドラインがいう「周辺事態」とは、何かということだ。この文書では、「周辺事態の概念は地理的なものではなく、**事態の性質に着目**」と、日米安保条約のなし崩し的改定について注意深く避けている。しかし、ここで決定された周辺事態の地理的範囲が、アジア太平洋地域を含むものであることは明白だ。これは、「日米安保共同宣言」の合意にもとづいて、97ガイドラインが策定されたことからも明らかである。

さらに、ここでいう「事態の性質」は、97ガイドラインにおいて明言してはいないが、明らかに「台湾海峡有事」が組み込まれたことの表現でもあるということだ。というのは、その前年の1996年3月、台湾の総統選をめぐって「台湾海峡のミサイル危機」が発生し、この内容までもが組み込まれたからだ。

周知のように、この事件は台湾をめぐる中国の軍事演習と米空母の派遣という米中の応酬の中で生じたのだが、この時代の情勢の全体的な流れで観察すると、冷戦終焉後のアメリカのア

米軍・三沢基地のＦ－16戦闘機

ジア戦略の変更の中で、ソ連脅威論・地域紛争脅威論に替わる新たな脅威論として、中国脅威論が演出されたというべきである。

つまり、後に見るアメリカのアジア太平洋重視戦略の強化の中で、そして、その対処のための沖縄海兵隊を含む在日米軍の維持強化のためには、地域紛争脅威論（北朝鮮脅威論）だけでは、その膨大な軍事力を維持する正当性が存在しないからである。とりわけ、日米安保離れをはじめた日本の支配層や世論を説得するためには、地域紛争脅威論（北朝鮮脅威論）だけでは、説得力不足を感じていたというべきか。

このようにして、97ガイドラインは、日米両軍隊が中国脅威論を掲げて、なし崩し的に台湾海峡危機に対処する戦略へと移行していくものとなった。そして、その97ガイドラインの具体的目的こそは、周辺事態法の制定（1999年5月）であった。

この周辺事態法の制定によって、日本政府・自衛隊は、朝鮮半島・台湾海峡の有事に米軍への全面的な兵站支援を行うことを決めたのだ。それを簡明に記すと、「施設の使用・補給・輸送・整備・衛生・通信等」の「米軍活動への後方支援」、「警戒監視・機雷除去・海空域調整」などの「運用面における協力」（97ガイドライン・別表）である。つまり、自衛隊は、「日本国土の防衛」を超えて（逸脱して）、初めて朝鮮半島・台湾海峡有事に、集団的自衛権を行使し「参戦」することを決定したということだ。

これは後の、対テロ戦争・対イラク戦争への参戦につながる日米安保体制上の、つまり、日米同盟―日米軍事同盟のグローバルな態勢の切り口がつくられつつあるということになる。

こうして、この周辺事態対処を突破口として、武力攻撃事態対処法などの有事関連3法が成立（2003年6月6日）し、その後さらに、国民保護法・米軍行動円滑化法・捕虜取扱い法などの有事関連7法も成立（2004年6月14日）した。

日米制服組の一体化と台頭

ところで、東西冷戦終焉後の世界で、再び頭をもたげてきたこの「中国脅威論」という〝怪物〟をつくりあげたものは、誰か？　言うまでもなく、これは日米軍隊の制服組である。いつの時代も、「軍事的脅威の喪失」という事態は、軍隊にとってその存在意義を問われるばかりか、軍人自身が自らの職を失うことになりかねない。

これは、すでに述べてきた95大綱には明記されていない、ゲリラ・コマンドウ対処という自衛隊の新任務が、97ガイドラインで突然明記されたということでも明らかだ。いわば、政府自身が策定した「防衛計画の大綱」という、日本の防衛政策の基本文書では規定されなかったものが、実質上、日米制服組によって合意された97ガイドラインによって、初めて明記されたということなのだ。

これだけではない。陸上自衛隊（以下「陸自」という）には、『野外令』という作戦戦闘の基本教範がある。これは、旧軍の『作戦要務令』にあたる陸自の最高教範だ。この『野外令』は、2000年1月、大幅に改定された。この改定の主体は、制服組の陸自幕僚監部である。

さて、改定された『野外令』には、いくつもの大きな変更があるが、それは後述しよう。ここで注目すべきは、先の対ゲリラ・コマンドウ作戦に関する記述である。97ガイドラインを踏まえてからか、『野外令』の改定では新たに陸自の基本作戦として、**「対ゲリラ・コマンドウ作戦」**が付け加えられた。問題は、この内容が付け加えられたというよりも、従来の陸自の基本作戦である「対着上陸作戦」（対機甲戦）からの大幅な変更として、対ゲリラ・コマンドウ作戦という新たな任務が付与されたということだ。。つまり、陸自は、この『野外令』改定で、初めて冷戦後の基本作戦を変更したのである。

だが、後述するように、陸自が公式にこのような冷戦後の基本作戦の変更を行うのは、2004年の「防衛計画の大綱」（以下「04大綱」という）の策定以後である。いわば陸自は、政府の防衛政策の基本方針である、04大綱の策定に至る4年も前に、その基本作戦の変更を行っていたということになる。この背景にこそ、日米制服組の連携・一体化による、日米の軍事態勢の強化という実態があるのだ。

そして、こういう状況を生じさせてきたのが、1980年代から始まった日米共同演習による日米制服組の緊密化である。周知のように、80年代から大々的に開始された陸海空三自衛隊と米軍との共同演習は、米軍戦力へのキャッチアップを目指して、アメリカ本国での演習を含む共同訓練が日常化していった（リムパック、ヤマサクラなど）。こうして、日米制服組の連携・一体化の中で、日本の軍事力増強を実現するためには、アメリカの対日軍事力増強要求を利用すべき、という流れが広がっていったのだ（これは、日本政府・自民党にもあてはまる）。

さらに、01年の対テロ戦争、03年のイラク戦争への日本の参戦にも明らかなごとく、「ショー・ザ・フラッグ」というアメリカの対日要求を演出したのが、自衛隊の制服組であった。つまり、この間のアメリカの対日軍事力増強要求、イラク戦争などへの自衛隊派兵の要求は、日米制服組の一体化による「演出」であったということだ。

懸念されるのは、90年代初頭のペルシア湾への派兵に始まり、21世紀に入るとインド洋からイラクへ海外派兵を展開してきた自衛隊制服組の発言力や地位が、現在ますます高まっているということだ（09年8月1日の防衛参事官制度の廃止は重要）。つまり、海外派兵―実戦への参加による軍人たちの発言力の強化が、始まっているということだ。言い換えれば、日本にはすでに戦争への参戦を媒介にして〝軍部〟というようなものが登場し始めているということである（08年の「田母神発言」は、その象徴的出来事である。航空自衛隊の最高幹部の〝肩書き〟を利用した政治発言―行動を処分できないということは、すでに政府は制服組を統制できなくなっていることを現している。「参事官制度の廃止―防衛会議への制服組の登用」も、制服組の要求であり、ここにも制服組の力の存在が示されている）。

尖閣諸島のコミットメントを宣言したアメリカ

ここでもう一つ付け加えておくべきことは、戦後一貫して行われてきたアメリカの対日軍事力増強要求についてである。特に、1980年代の「シーレーン防衛論」「日本列島不沈空母論」や「三海峡封鎖論」にもみられるように、80年代からその要求は顕著になってきたが、冷戦後の1990年代からはいっそう露骨になり始めたということである。そして、この時期の重要なアメリカの対日要求が、2000年の「アーミテージ報告」である（正式文書名は「米国と日本　成熟したパートナーシップに向けて」00年10月11日）。

海自のインド洋派兵の送迎

この文書は当時、日本が集団的自衛権行使に踏み込むことを求めるものとして議論になった。なるほどこの文書には、「日本が集団的自衛権の行使を禁止していることは、同盟への協力を進める上での制約となっている。これを解除することにより、より緊密で効率的な安保協力が可能になるだろう」と、集団的自衛権の行使を求めている。そして、この集団的自衛権行使を日本に要求する意味は、アメリカの世界的な地域紛争対処戦略の下で、日本に対して積極的に海外派兵を行うことを求めるものだ。これが後の、「ショー・ザ・フラッグ」につながる（このアーミテージ報告の後、自民党は言うに及ばず、経済界までもが集団的自衛権行使を主張し始めていることを見よ）。

だが、この「アーミテージ報告」の中で見逃されているもう一つの重要な内容は、アメリカが「台湾海峡有事」に日本に積極的に加わることを要求しているということだ。それを同報告は、「防衛コミットメントの再確認。**米国は日本防衛に対するコミットメントを再確認し、日本の施政権下にある地域には尖閣列島を含む**ことを明らかにすべきである」と言明している。つまり、台湾海峡の有事に対して日本を動員するためには、日本にとって直接の利害があり、中国との間で係争している尖閣列島の防衛を、アメリカが共同防衛で対処するということをあえて公言したことである。

こうして、同報告は、冷戦後の日本に対して（95大綱・97ガイドラインを策定させ）、集団的自衛権を行使しながら、積極的に海外派兵政策を採ることを要求する。これを同報告は、「新たな『日米防衛協力のための指針』は共同防衛計画の基盤となっているが、これは太平洋を越える同盟関係において、日本の役割を拡大するための終着点ではなく、出発点となるべきである」というのだ。このアメリカによる、日本のグローバルな動員は、１９９０年代のアメリカによる世界の一極支配がしだいに後退していく中で、財政的にも軍事的にも不可欠なものとなっていくのである。

いずれにしても、このように日本の軍事力増強・防衛費の拡大が、日本独自の主体的判断ではなく、米軍・自衛隊制服組などの連携で行われてきているという実態を、私たちはしっかりとみておくべきである。

9・11事件後の日米安保の実戦化

冷戦後の90年代、そして21世紀初頭の、このような日米安保態勢の大転換の結果として日本は、9・11事件以後、アメリカの要求により以後の戦争にどんどん参加していくこととなった。それは、すでにみてきたように、日米安保体制の対象地域が極東からアジア太平洋地域に拡大された結果であるとともに、その地域の範囲を越えて日米同盟体制が維持・強化された結果でもあった。つまり、日米同盟のグローバルな展開ということだ。

たとえば、2001年の9・11以後、アメリカの対テロ戦争に日本は対テロ特措法を制定し、インド洋―ペルシア湾へ海上自衛隊（以下「海自」という）の派兵を行った。また、2003年のアメリカのイラク戦争に対しては、イラク特措法を制定し、陸海空自衛隊のイラク派兵を行った。

これら二つの戦争への自衛隊の海外派兵は、日米安保体制・日米安保条約は直接には関係していない。言い換えれば、これらの自衛隊の海外派兵は、法律的意味では日米安保条約の適用・実行ではない。つまり、この間の自衛隊海外派兵は、安保条約そのものの適用ではなく、「日米同盟＝日米軍事同盟」の実戦的適用として行われたということだ。それはこの派兵が、周辺事態法などの法律の適用ではなく、特別立法の制定という形で行われていることから明白だ。

つまり、アメリカの政治的要請・要求（日米同盟にもとづくそれ）を受け入れるために、このような特別立法を制定してまで、海外派兵を行うということだ。言い換えると、ここでは日米安保条約は、日米同盟＝日米軍事同盟の強化ということで、条約の範囲をはるかに超えて際限なく拡大しつつある。こうして、いまや日米安保体制は、「世界安保体制」「グローバル安保体制」として存在しつつある。

これは私たちが、冷戦終焉後の世界を「平和の配当」要求―軍縮の世界的要求として描けなかったために回ってきたツケだと言えるかもしれない。いずれにしても、この冷戦終焉後の日米安保体制の検証が、今こそ求められているのではないか？

第2章　日米安保再編と中国脅威論

04大綱と中国脅威論

冷戦終焉後、日本の安保・防衛政策を確定づけたものは、２００４年に策定された新「防衛計画の大綱」（04大綱）である。04大綱はまた、95大綱、97ガイドラインと同じく、２００５年合意の「日米同盟　未来のための変革と再編」（以下「05安保再編」という）と連携・一体化して策定された。

この04大綱は、ある意味ではじめて冷戦終焉後の日本の防衛政策を確定した、と言える。95大綱では曖昧化されていたものが、ここではじめて具体的に明文化された政策になったのである。冷戦終焉後、15年も経過しての後だ。こういう意味では、冷戦というものが戦後日本の安保・防衛政策にのしかかっていた重しは、それほど大きかったとも言える。またこれは、冷戦後のこれらの防衛政策の策定は、政府・支配層にとってもそれほど自信に満ちたものではないことの証左でもある。

さて、こういう状況の下で策定された、04大綱とはどういうものか。まず、認識すべきは、04大綱は、戦後自衛隊創設以来の、最大の改編・再編である、ということだ。いうならば、1950年の警察予備隊創設、1954年の自衛隊創設以来、これほどの大再編はなかったということだ。この大再編の内容は、端的に言えば、「自衛隊のトランスフォーメーション」であり、米軍の「トランスフォーメーション」ともまた連動したものであるが、これは後に少しだけ触れよう。

問題は、この自衛隊のトランスフォーメーションを促した、国際情勢・アジア情勢の認識である。つまり、政府・自衛隊は、04大綱で「脅威」をどのようなものとして認識したのか、ということだ。

04大綱は、冒頭の「我が国を取り巻く安全保障環境」の項目で、まず、2001年の9・11事件以後について、「国際テロ組織などの非国家主体が重大な脅威」と述べ、「大量破壊兵器や弾道ミサイル拡散の進展、**国際テロ組織等の活動を含む新たな脅威や平和と安全に影響を与える多様な事態**」と、「新たな脅威」「多様な事態」を非常に乱発している。

ここでいう「新たな脅威」は、すでにみてきた地域紛争脅威論を踏襲していると言えるが、この少し前にアメリカのQDR（「4年ごとの国防計画の見直し」、01年10月）が発表され、ここで

アジアをにらむ極東最大の米軍基地・嘉手納飛行場

「不安定の弧」という情勢認識が打ちだされているから、これをも踏襲した地域紛争脅威論と言えよう。「不安定の弧」とは、朝鮮半島から中東・北アフリカまでに至る地域をいい、アメリカでは今後の紛争のもっとも高い地域へと指定された。

ところで、この冒頭の情勢認識においてもっとも重要なのは、冷戦後初めて、公式に「中国脅威論」が打ちだされたことだ。これは以下のように言う。

「冷戦終結後、極東ロシアの軍事力は大幅に削減されたが、この地域においては、依然として核戦力を含む大規模な軍事力が存在するとともに、多数の国が軍事力の近代化に力を注いでいる」、「また、**この地域の安全保障に大きな影響力を有する中国は、核・ミサイル戦力や海・空**

軍力の近代化を推進するとともに海洋における活動範囲の拡大などを図っており、このような動向には今後も注目していく必要がある」と。

04大綱の最大の注目点が、この個所である。ここでは、中国軍の近代化や海洋においての活動の拡大に、「注目していく必要がある」と穏やかには表現されているが、この表現は言うまでもなく、中国をことさら刺激しないためである。

つまり、90年代の「日米安保共同宣言」や97ガイドラインなどによって、「周辺事態」などと穏やかに表現されていた「台湾海峡有事」問題が、この段階に至って公然と唱えられるに至ったのだ。これは、04大綱と連携し策定された、2005年10月29日の「日米同盟　未来のための変革と再編」(05安保再編)でも、より具体的に打ちだされている(後述)。

戦後最大の自衛隊再編

ところで、先の「新たな脅威や多様な事態」に対する自衛隊のトランスフォーメーションについても、少しだけ触れておこう。

これについて、04大綱は、その「防衛力の在り方」のところで、「弾道ミサイル攻撃への対応」「ゲリラや特殊部隊による攻撃への対応」「島嶼部に対する侵略への対応」などとして、新たな

特殊部隊が編制されている陸自第1空挺団

事態とそれへの自衛隊の新しい任務を列挙している。

この自衛隊の新しい任務は、従来の「我が国への侵略」に対する対着上陸作戦（対機甲戦）などとは決定的に異なる任務である。いわば、従来の自衛隊は、たとえば陸自に象徴されるように、対ソ抑止戦略の下、北海道を中心に大陸型の戦闘（対機甲戦）を準備し、そのための機甲師団を軸とする部隊編成を採ってきた。

しかし、04大綱では弱々しくしか表記されていないが（「見通し得る将来において、我が国に対する本格的な侵略事態生起の可能性は低下」と）、いまや、日本への陸海空の近代的軍隊の本格的侵攻という事態は、完全になくなったのである。

したがって、先に策定されたような多様な事態への自衛隊の新任務は、従来の部隊編成では行い得ない。このことから、戦後最大の自衛隊再編成が、04大綱の策定から始まったのだ。この大再編は、陸自でいえば火砲・戦車の約4割、その人員の約3割を削減し、その資材と人員を新たな任務のための部隊に回すというものだ。

この陸自の在り方について、04大綱作成の原案となった「防衛力の在り方検討会議のまとめ」(04年11月)では、「対機甲戦から対人戦闘への防衛力設計の重点のシフトと部隊の配備」といい、陸自では既存の師団・旅団を、「普通科部隊等に重点を置く低強度紛争に有効に対処し得る設計(LICタイプ=即応近代化作戦基本部隊)とすることを基本」と明記している。つまり、自衛隊のほとんどの作戦任務が、対テロ戦、対ゲリラ・コマンドウ作戦へ全面的に移行するということであり、この任務に対応した部隊へ全面的に再編されていくということである。

さて、04大綱では、**「島嶼部に対する侵略への対応」**として、数行しか触れられていないが、この新防衛大綱でもう一つ転換されたのが、自衛隊全体の北方重視戦略からの離脱である。ソ連が崩壊し、ソ連脅威論がなくなったのだから当然といえば当然だが、ついに自衛隊は北方重視戦略、すなわち戦後の一貫した北海道への重点配備を転換し、「西方重視戦略・南西重視戦略」(後述)へと移行するのだ。まさに、全面的な自衛隊の「トランスフォーメーション」である。

「共通の戦略目標」の確認による中国脅威論

04大綱と連携・一体化して策定された05安保再編の文書（２００５年の10月29日）は、今まで述べてきた中国脅威論について、どのように触れているのか？

この文書は、まず冒頭に「日米安全保障体制を中核とする日米同盟は、日本の安全とアジア太平洋地域の平和と安定のために不可欠な基礎」と、この間の日米合意による安保体制の適用拡大について確認した後、２００５年２月19日の日米安全保障協議委員会（いわゆる「２＋２」）において、「**閣僚は、共通の戦略目標についての理解に到達**し、それらの目標を追求する上での自衛隊及び米軍の役割・任務・能力に関する検討を継続する必要性を強調した」と述べている。

ここでいう「共通の戦略目標への到達」とは、この後の日米安保協議委員会関係の文書で度々明記されているのであるが、これが05安保再編の文書のもっとも重要な核心である。この「共通の戦略目標」とは何を意味しているのか？　少し長くなるが、05安保再編の文書から、引用してみよう。

「本日、安全保障協議委員会の構成員たる閣僚は、**新たに発生している脅威が、日本及び米**

国を含む世界中の国々の安全に影響を及ぼし得る共通の課題として浮かび上がってきた、安全保障環境に関する共通の見解を再確認した。また、閣僚は、アジア太平洋地域において不透明性や不確実性を生み出す課題が引き続き存在していることを改めて強調し、**地域における軍事力の近代化に注意を払う必要があることを強調**した。この文脈で、双方は、2005年2月19日の共同発表において確認された**地域及び世界における共通の戦略目標**を追求するために緊密に協力するとのコミットメントを改めて強調した」

この抽象的文脈からは、「共通の戦略目標」とは何かを把握することは難しい。手がかりは、この文書が明記する、2005年2月の日米安保協議委員会の「共同発表」である。その「共同発表」は、「共通の戦略目標」の項目で、以下のように述べている。少し長いが重要部分を引用しよう（外務省のホームページから）。

「閣僚は、国際テロや大量破壊兵器及びその運搬手段の拡散といった**新たに発生している脅威**が共通の課題として浮かび上がってきた新たな安全保障環境について討議した。閣僚は、グローバル化した世界において諸国間の相互依存が深まっていることは、このような脅威が日本及び米国を含む世界中の国々の安全に影響を及ぼし得ることを認識した。

閣僚は、**アジア太平洋地域においてもこのような脅威**が発生しつつあることに留意し、依然として存在する課題が引き続き不透明性や不確実性を生み出していることを強調した。さら

に、閣僚は、**地域における軍事力の近代化にも注意を払う必要**があることに留意した」（以下略）

そして、「**地域における共通の戦略目標**」として、「以下が含まれる」とする（重要部分の引用）。

「日本の安全を確保し、アジア太平洋地域における平和と安定を強化するとともに、日米両国に影響を与える事態に対処するための能力を維持する。

朝鮮半島の平和的な統一を支持する。

核計画、弾道ミサイルに係る活動、不法活動、北朝鮮による日本人拉致といった人道問題を含む、北朝鮮に関連する諸懸案の平和的解決を追求する。

中国が地域及び世界において責任ある建設的な役割を果たすことを歓迎し、中国との協力関係を発展させる。

台湾海峡を巡る問題の対話を通じた平和的解決を促す。

中国が軍事分野における透明性を高めるよう促す。

海上交通の安全を維持する。」

日米政府の「共通の戦略目標への到達」とは、引用した文書のゴシック部分で明らかである。つまり、あえて固有名詞では表現されていないが、日米政府の「共通の戦略目標」とは、中国脅威論—対中抑止戦略を合意したということなのだ。この「共同発表」の文書でも、「アジア太平洋地域においてもこのような脅威が発生」「地域における軍事力の近代化にも注意」と明言されているが、決定的なのは「地域における共通の戦略目標」の個所で、「台湾海峡」問題にはっきりと触れたことだ。これは日米政府、とりわけ日本政府にとっては、大きな飛躍である。つまり、「対話を通じた平和的解決」という穏健な表現であれ、この文言は台湾海峡問題に日本が〝介入〟を宣言したことに他ならないからだ。

周知のように、日本は1972年の日中共同声明以来、「一つの中国」政策を採っている。これはアメリカも基本的には同様である。しかしながら、日本はその経済関係を含めて、70年代以降、アメリカとは対中政策をめぐっては異なる政策を採ってきたのが現状である。しかし、この2005年の日米安保再編をめぐって、中国に対する政策の転換を迫られたのだ。

この問題については、ある証言がある。共同通信の記者として、この問題を追ってきた久江雅彦は、この個所でアメリカ側は「中国が台湾を攻撃しないよう抑止する」という記述を明記することを主張したが、日本側の要請で削除されたことを述べている（『米軍再編』講談社刊）。つまり、明文化されなかったとはいえ、アメリカは日本に「**対中抑止戦略という共通の戦略目標**」を求めたのであり、日本はそれに合意したということだ。

こうして、自衛隊は、この04大綱策定と05安保再編の合意によって、明確にアメリカの対中抑止戦略へ組み込まれたのであり、95大綱・97ガイドライン、そして新『野外令』の制定と進行していた制服主導のなし崩し的な戦略変更が、ここで完了したということだ。言い換えると、これはアジアでの新たな冷戦―「新冷戦戦略」の始まりでもある。

自衛隊と米軍の一体化

こうして、05安保再編においては、「新たな脅威へ対応」する日米軍の「役割・任務・能力」の重点分野として、日本は「**弾道ミサイル攻撃やゲリラ、特殊部隊による攻撃、島嶼部への侵略といった新たな脅威や多様な事態への対処**を含めて、日本を防衛し、周辺事態に対処する」、アメリカは「日本の防衛及び周辺事態の抑止や対応のために、前方展開戦力を維持し、必要に応じて増強する」と、具体的に双方の任務を示している。

この05安保再編で実戦的に重要なのは、それが規定している「兵力態勢の再編」である。ここでは、重要項目しか触れないが、それは以下のごとく自衛隊と在日米軍の連携・一体化が実行されるというものだ。

・横田基地への共同統合運用調整所の設置

「自衛隊を統合運用体制に変革するとの日本国政府の意思を認識しつつ、在日米軍司令部は、横田飛行場に共同統合運用調整所を設置する。この調整所の共同使用により、自衛隊と在日

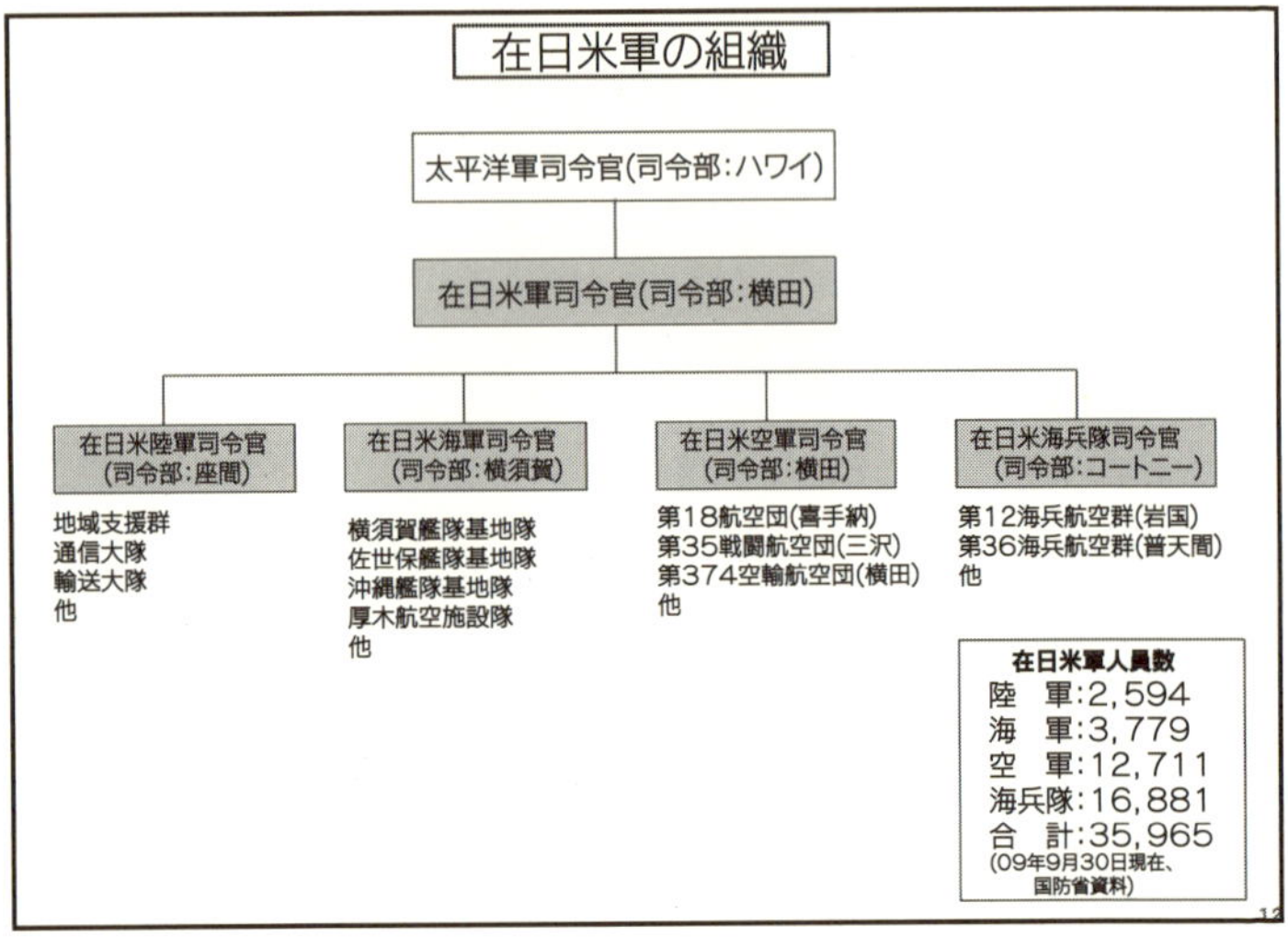

米軍の間の連接性、調整及び相互運用性が不断に確保される」

・キャンプ座間への米統合作戦司令部

「展開可能で統合任務が可能な作戦司令部組織に近代化。機動運用部隊や専門部隊を一元的に運用する陸上自衛隊中央即応集団司令部をキャンプ座間に設置することが追求される。これにより司令部間の連携が強化」（陸自中央即応集団司令部の設置は10年度予算計上）

・府中の空自航空総隊司令部と米第5空軍司令部の航空司令部の併置（10年度予算計上）

「防空及びミサイル防衛の司令部組織間の連携が強化」

・Xバンドレーダー・システムの配備などのミサイル防衛の展開

・米海兵隊の再編

「世界的な態勢見直しの取組の一環として、米国は、太平洋における兵力構成を強化」

・米軍の兵力構成強化のために海兵隊のハワイ・グアム・沖縄間の再分配と普天間飛行場のキャンプ・シュワブ海岸線への移転・建設

「L字型に普天間代替施設を設置する。第３海兵機動展開部隊（ＭＥＦ）司令部はグアム及び他の場所に移転され、また、残りの在沖縄海兵隊部隊は再編されて海兵機動展開旅団（ＭＥＢ）に縮小される。この沖縄における再編は、約７０００名の海兵隊将校及び兵員、並びにその家族の沖縄外への移転を含む。これらの要員は、海兵隊航空団、戦務支援群及び第３海兵師団の一部を含む、海兵隊の能力（航空、陸、後方支援及び司令部）の各組織の部隊から移転される」

・空母艦載機の厚木から岩国への移転

・ＫＣ－１３０を受け入れるために海上自衛隊鹿屋基地において必要な施設の整備

以上に見てきたように、05安保再編でいう「兵力態勢の再編」は、日米の司令部機構・共同作戦・共同訓練・基地機能など、ほとんどすべての分野にわたって日米軍事力が連携・一体化するということだ。言い換えれば、自衛隊は、対中抑止戦略を採る米太平洋軍の補完戦力として、より純化するということである。これはこの文書でも「日本は……米軍が提供する能力に対して追加的かつ補完的な能力を提供する」と謳われている。

要するに自衛隊は、対北朝鮮抑止戦略・対中抑止戦略を軸に、アジア太平洋地域で米軍と共同作戦を担う軍事力として再編・統合されていくということだ。これは、中期的には自衛隊は米軍の兵站支援を行うことになるが、長期的には集団的自衛権を行使した、まさに日米共同作戦を担う軍事力として自衛隊が登場するということである（アーミテージ報告）。

また、こうした日米軍隊の連携・一体化は、当然のごとく、日本側において自衛隊の一層の増強強化を導くことは明らかだ（その重要な一つが、日米共同の膨大な経費をかけたミサイル防衛態勢［ＭＤ］である）。これは、今後の安保再編の実現過程でもっと具体化することは必至である。

とりわけ、現在進行しているのは、自衛隊の統合部隊としての強化である。つまり、自衛隊との共同作戦から統合作戦へ向かう米軍にとって、自衛隊の統合部隊としての強化は早急の課題であったといえる。

こうして、２００６年３月27日、「統合幕僚会議」は「統合幕僚監部」に改編され、統合幕僚会議議長も「統合幕僚長」となり権限も強化された。従来は統合幕僚会議・統幕議長という組織は、陸海空幕僚監部との並列した組織でしかなかったのであるが（統幕議長の権限はなし）、この組織改編によって、「統合幕僚長」は、陸海空三自衛隊の頂点に立つ指揮官としての位置を与えられ、日常的に自衛隊の統合部隊を指揮する権限を付与されたのである。そして、この

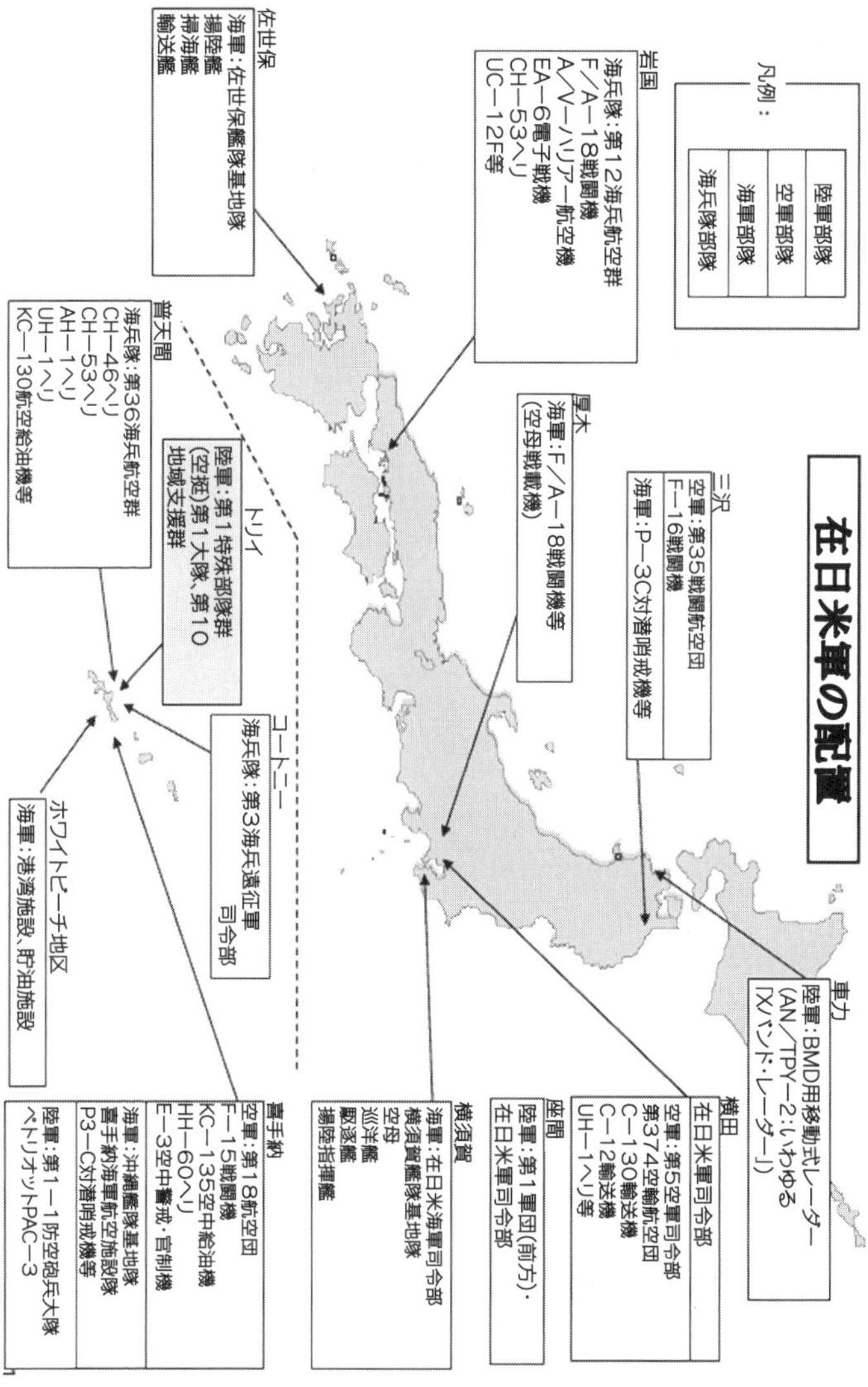
在日米軍の配置
凡例：
陸軍部隊
空軍部隊
海軍部隊
海兵隊部隊
車力
陸軍：BMD用移動式レーダー
(AN／TPY－2：いわゆる
「Xバンド・レーダー」)
三沢
空軍：第35戦闘航空団
F－16戦闘機
海軍：P－3C対潜哨戒機等
横田
在日米軍司令部
空軍：第5空軍司令部
第374空輸航空団
C－130輸送機
C－12輸送機
UH－1ヘリ等
岩国
海兵隊：第12海兵航空群
F／A－18戦闘機
A／V－ハリアー航空機
EA－6電子戦機
CH－53ヘリ
UC－12F等
厚木
海軍：F／A－18戦闘機等
(空母戦載機)
座間
陸軍：第1軍団(前方)・
在日米軍司令部
横須賀
海軍：在日米海軍司令部
横須賀艦隊基地隊
空母
巡洋艦
駆逐艦
揚陸指揮艦
佐世保
海軍：佐世保艦隊基地隊
揚陸艦
掃海艦
輸送艦
トリイ
陸軍：第1特殊部隊群
(空挺)第1大隊、第10
地域支援群
コートニー
海兵隊：第3海兵遠征軍
司令部
普天間
海兵隊：第36海兵航空群
CH－46ヘリ
CH－53ヘリ
AH－1ヘリ
UH－1ヘリ
KC－130航空給油機等
喜手納
空軍：第18航空団
F－15戦闘機
KC－135空中給油機
HH－60ヘリ
E－3空中警戒・官制機
海軍：沖縄艦隊基地隊
喜手納海軍航空施設隊
P3－C対潜哨戒機等
陸軍：第1－1防空砲兵大隊
ペトリオットPAC－3
ホワイトビーチ地区
海軍：港湾施設、貯油施設

自衛隊の統合幕僚長の位置にあたるのが、米軍では太平洋統合軍司令官ということになる。

日米ロードマップ

この05安保再編にもとづき、2006年5月1日「再編実施のための日米ロードマップ」が合意され、発表された。この再編案は、なるほど合意文書がいうように、「統一的なパッケージ」として設定されているようである。これは以下のようになっている（重要個所の抜粋）。

まず、「沖縄における再編」は以下の通りである。

・**普天間の代替施設**　普天間飛行場代替施設を辺野古岬とこれに隣接する大浦湾と辺野古湾の水域を結ぶ形で設置し、V字型に配置される2本の滑走路はそれぞれ1600メートルの長さを有し、二つの100メートルのオーバーランを有する。各滑走路の在る部分の施設の長さは、護岸を除いて1800メートルとなる。2014年までの完成が目標。

・**約8000名の第3海兵機動展開部隊の要員**と、その家族約9000名は、部隊の一体性を維持するような形で2014年までに沖縄からグアムに移転する。移転する部隊は、第3海兵機動展開部隊の指揮部隊、第3海兵師団司令部、第3海兵後方群（戦務支援群から改称）司令部、第1海兵航空団司令部及び第12海兵連隊司令部を含む。

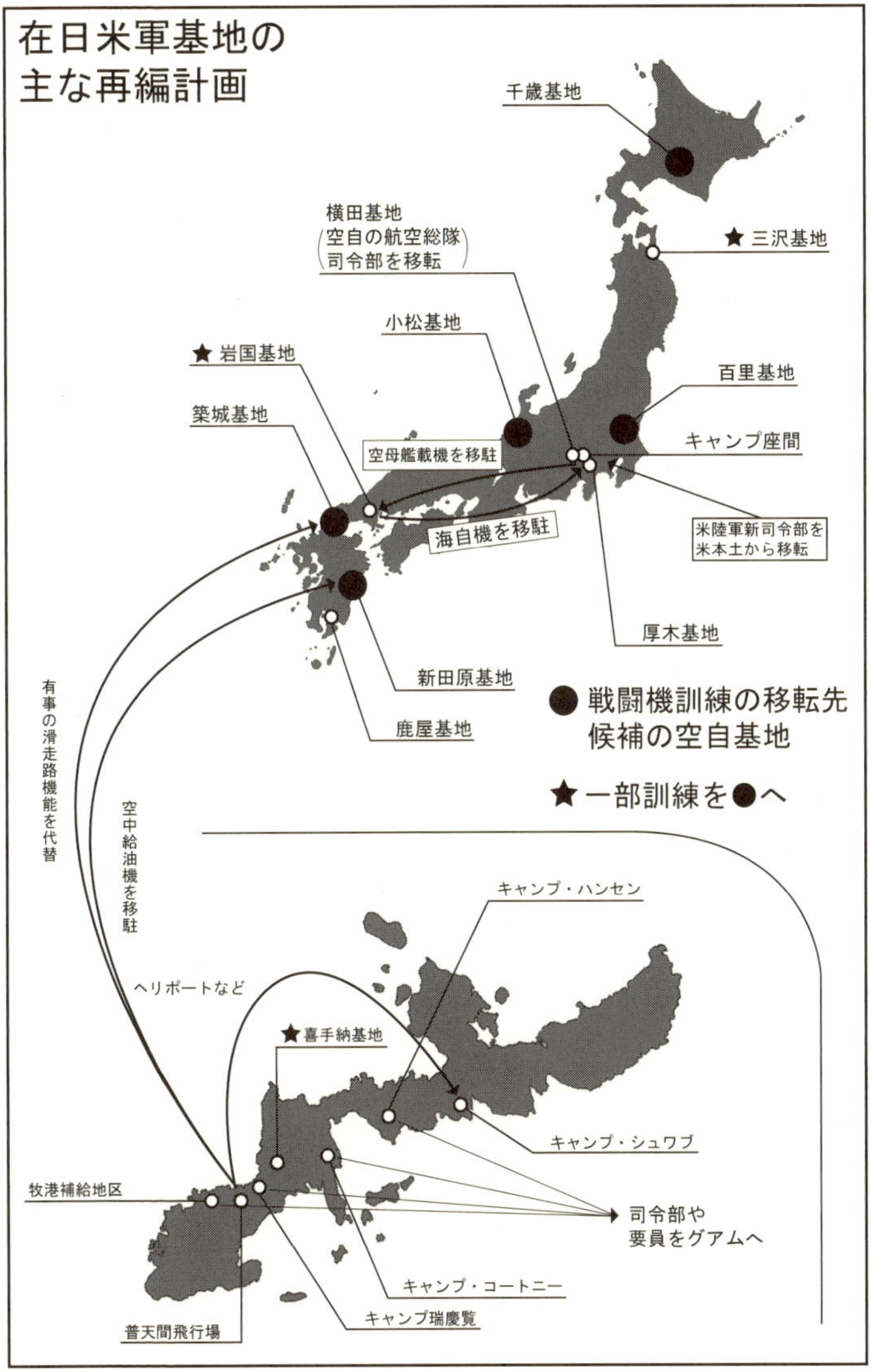
在日米軍基地の
主な再編計画
千歳基地
横田基地
(空自の航空総隊
司令部を移転)
★ 三沢基地
小松基地
★ 岩国基地
百里基地
築城基地
キャンプ座間
空母艦載機を移駐
海自機を移駐
米陸軍新司令部を
米本土から移転
厚木基地
新田原基地
鹿屋基地
● 戦闘機訓練の移転先
候補の空自基地
★ 一部訓練を●へ
有事の滑走路機能を代替
空中給油機を移駐
キャンプ・ハンセン
ヘリポートなど
★喜手納基地
キャンプ・シュワブ
牧港補給地区
司令部や
要員をグアムへ
キャンプ・コートニー
キャンプ瑞慶覧
普天間飛行場

・**財政負担**　第3海兵機動展開部隊のグアムへの移転のための施設及びインフラの整備費算定額102・7億ドルのうち、日本は……グアムにおける施設及びインフラ整備のため、28億ドルの直接的な財政支援を含め、60・9億ドル（2008米会計年度の価格）を提供。

また、「米陸軍司令部能力の改善」では以下のようにいう。

・**米陸軍司令部能力の改善**　キャンプ座間の米陸軍司令部は、2008米会計年度までに改編される。その後、陸上自衛隊中央即応集団司令部が、2012年度（以下、日本国の会計年度）までにキャンプ座間に移転。

さらに、「横田飛行場及び空域」「厚木飛行場の移駐」では以下のようにいう。

・**横田飛行場及び空域**　航空自衛隊航空総隊司令部及び関連部隊は、2010年度に横田飛行場に移転。

・**厚木飛行場から岩国飛行場への空母艦載機の移駐**　第5空母航空団の厚木飛行場から岩国飛行場への移駐は、F／A－18、EA－6B、E－2C及びC－2航空機から構成され、（1）必要な施設が完成し、（2）訓練空域及び岩国レーダー進入管制空域の調整が行われた後、2014年までに完了。

第1軍団の座間移転

ところで、05安保再編やこのロードマップでいう米軍再編の中で、重要な位置を占める「キャンプ座間の米統合作戦司令部」であるが、これは米陸軍第1軍団司令部（ワシントン州フォートルイス）が予定されている。

米陸軍の中で「軍団」は、複数の師団で構成されている大部隊である。実際、米陸軍の中で第1軍団は、太平洋地域を担当しており、この他にはヨーロッパを担当する第5軍団、米本土を担当する第3軍団など、四つの常設軍団がある。そして第1軍団は、フォートルイス基地の約2万人を軸に、ほぼ同数の予備役・州兵から編成されている。軍団の主力は、第2歩兵師団第3旅団と第25歩兵師団第1旅団であり、このうちの第3旅団は03年11月にはイラクへ展開している。

重要なのは、この第1軍団の任務はどのようなものなのか、ということだ。これについて、ネットで在日米軍情報をリアルタイムで提供している「RIMPEACE」編集部は、以下のように記している。

「第1軍団の戦争遂行計画の中には、韓国と日本の防衛も含まれている。また、第1軍団は、米太平洋軍傘下のメジャーな作戦司令部として、太平洋軍司令官から、太平洋戦域で起きる偶発的な危機に即応する常設の統合任務部隊の一つに指定されている。太平洋軍傘下で統合任務部隊に指定されている他の主要な部隊は、横須賀の第7艦隊と沖縄の第3海兵遠征軍だ。第1軍団の責任範囲は、通常の軍団が対応する中規模な紛争対処から、太平洋軍の統合任務部隊としてのフルスケールの紛争対処までを含む」（99年3月の米上院軍事委員会・軍準備態勢小委員会での第1軍団司令官ジョージAクロッカー中将の証言の引用）

ここでの問題は、この第1軍団の統合部隊としての任務と担当地域の範囲である。まず、統合部隊としての任務であるが、これはこの軍団司令官の証言が示しているように、第7艦隊や第3海兵遠征軍と同様であるということだ。つまり、アジア太平洋地域で紛争・戦争が発生したりした場合、真っ先に投入される部隊である。ちなみに、統合任務部隊とは、陸海空などの各軍のうち、2種類以上の軍で構成する部隊のことであり、独自の作戦行動をとることができる部隊である。

そして、この第1軍団の担当範囲であるが、これは言うまでもなく、アジア太平洋地域をはじめ、中東・アフリカに至るまでの「不安定の弧」と指定された地域である。これはどういうことになるのか？　つまり、第7艦隊や第3海兵遠征軍という、戦争の初動の「殴り込み部隊」、「介入部隊」と同様、第1軍団もまた、このような戦争の初動作戦を担う軍として座間に移転（改編）されるということなのだ。

言い換えると、「日米安保共同宣言」にはじまり、04大綱、05安保再編という流れの中で、なし崩し的に行われてきた日米安保体制の適用範囲の拡大の結果が、そしてさらに、この中で行われつつある日米軍事力の連携・一体化という事態が、このような米軍のグローバルな戦争態勢への日本の徹底した組み込みとなって表れているということだ。この結果は、まぎれもなく、在日米軍―沖縄米軍基地の強化拡大として表れる。そしてまた、90年代後半から21世紀初頭において、97ガイドラインをはじめ、周辺事態法制定とともに有事法制の制定が一挙に進んだように、米軍の戦争態勢への一体化が一段と強化されることは疑いない。

２００９年12月９日付東京新聞は、第１軍団の座間への移転の問題について、この移転が実現しない見通しになった、と報道している。しかし、この米陸軍第１軍団の移転の中止によっても、米軍再編は今のところ後退はしていないし、この軍団の座間移転の問題もなんら変わっていないと見るべきだろう。というのは、すでにこの第１軍団の「前方司令部」は、07年12月に移転しているからだ。つまり、その任務が若干縮小されるだけである。

第3章　安保態勢下の自衛隊の沖縄重視戦略

中国軍の「先島諸島への上陸」

2005年9月26日付朝日新聞は、朝刊の1面トップで「**陸自の防衛警備計画判明『中国の侵攻も想定』北方重視から転換**」というスクープ記事を大きく報道している。この「中国の侵攻も想定」という記事を読者はおそらく、〝自衛隊の荒唐無稽な計画〟と一蹴し、記憶も飛んでいってしまっているかと思われる。

「防衛警備計画」とは、自衛隊が最高機密に指定した文字通りの秘密文書である。自衛隊では、想定しうる日本攻撃（周辺事態を含む）の可能性を分析し、その運用方法を定める統合幕僚監部の立案する「統合防衛警備計画」と、これを受けて陸海空の各幕僚監部が作成する「防衛警備計画」が策定されている。そして、これに踏まえて、具体的な作戦に関する「事態対処計画」がつくられ、さらに、全国の部隊の配置、有事の部隊運用を定めた「年度出動整備・防衛招集計画」がつくられる。「年度出動整備・防衛招集計画」では、その年の出動部隊の配置だけでなく、隊員一人ひとりの動員配置なども具体的に計画されている。

朝日新聞で報道されたのは、この中の陸自の「防衛警備計画」(04〜08年度)であり、いわゆる「機密指定」の文書である。このような秘密文書を、なぜ朝日新聞がスクープできたのか、これは不可解であるが、それはともかくこの内容を見てみよう。

まず、この防衛警備計画では、北朝鮮、中国、ロシアを「脅威対象国」と認定しているという。「脅威対象国」とは、まぎれもなく「仮想敵国」のことだ。この脅威対象国の日本攻撃の可能性について、北朝鮮は「ある」、中国は「小さい」、ロシアは「極めて小さい」。また、「国家ではないテロ組織」による不法行為は、可能性が「小さい」とされているという。そして、このスクープの中心である中国について、具体的にはどのように想定されているか。これは以下のようなものだ。

①日中関係悪化や尖閣諸島周辺の資源問題が深刻化し、中国軍が同諸島周辺の権益確保を目的に同諸島などに上陸・侵攻。

②台湾の独立宣言などによって中台紛争が起き、介入する米軍を日本が支援したことから、中国軍が在日米軍基地・自衛隊施設を攻撃。

③その他のケースでは、中国軍が1個旅団規模で離島などに上陸するケース、また弾道ミサイ

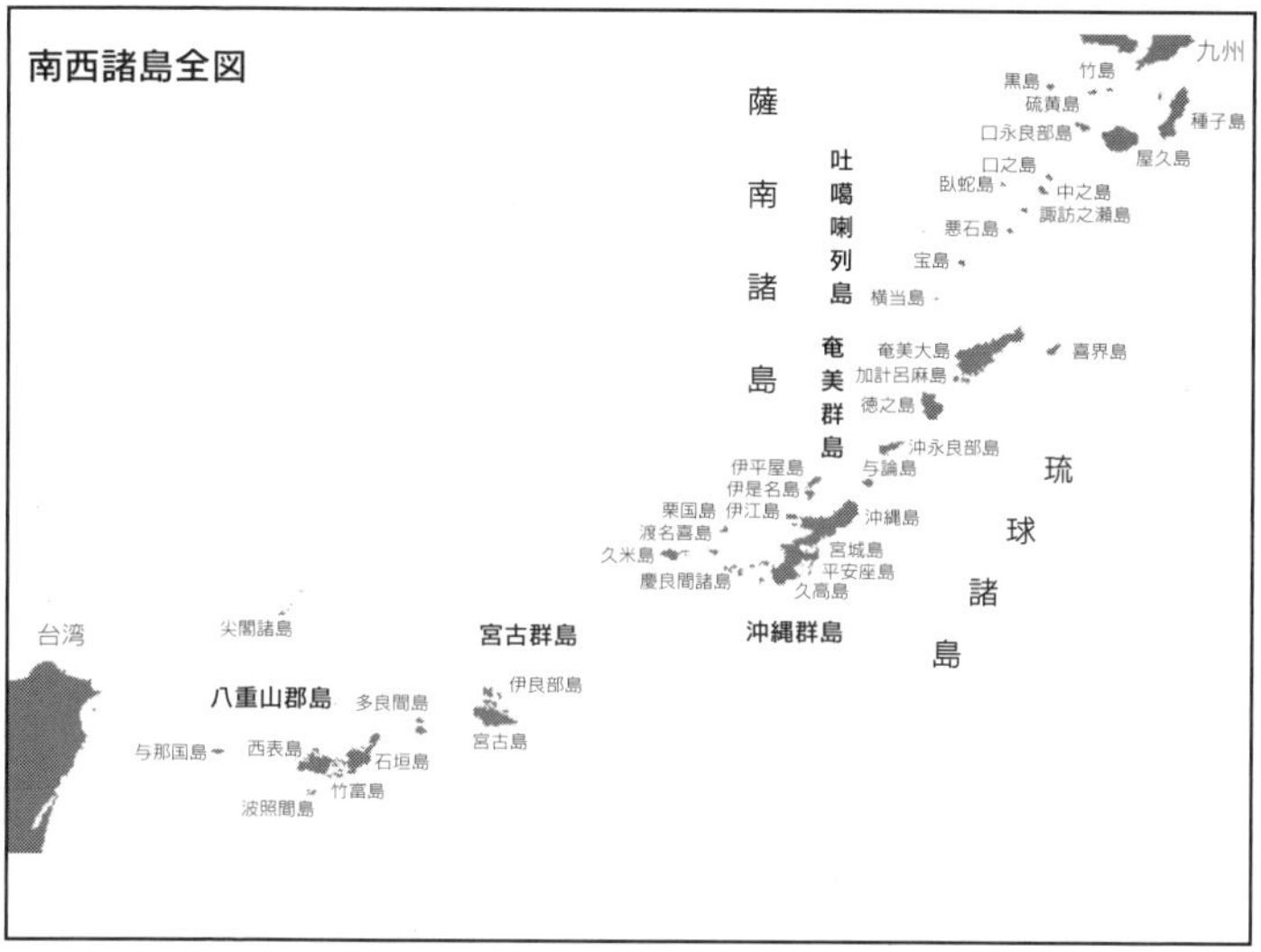

ル・航空機による攻撃、都市部へのゲリラ・コマンドゥ攻撃（約2個大隊）も想定されている。

そして、これらの事態への自衛隊の対処作戦は、尖閣諸島などへの上陸・侵攻に対しては、九州から沖縄本島、石垣島など先島諸島へ陸自の普通科部隊を移動する、上陸を許した場合は、海自・空自の作戦後、陸自の掃討作戦によって同島などを奪回する、としている。

また、中台紛争下の、中国軍による在日米軍基地・自衛隊施設への攻撃に対しては、先島諸島に基幹部隊を事前に配置し、状況に応じて九州・四国から部隊を転用する。都市部へのゲリラなどの攻撃に対しては、北海道から部隊を移動させる。さらに、国内の在日米軍基地などの警護のために、陸自の特殊作戦群の派遣も準備されているという。

ところで、この「中国の侵攻を想定した防衛警備計画」であるが、たぶん、報道された当時は、誰もがこの内容の信憑性について疑問を持ったに違いない。というのは、突如として「中国軍の侵攻」というとんでもない事態が言われ始めたからだ。ところが、この文書をよく読んでみると、ほとんどがこれ以後（あるいは以前に）、具体的に計画され、訓練・演習されていることばかりだ。たとえば、「尖閣諸島の権益をめぐる紛争」は、すでに述べてきた「アーミテージ報告」の「尖閣諸島への米軍のコミットメント」で明らかであるし、先島諸島への中国軍の侵攻を想定した日米共同演習（後述）などは、すでに行われてきている、ということだ。

２００５年における防衛警備計画の策定の根拠は、言うまでもなく、すでに述べてきた中国脅威論を真っ向から掲げた04大綱であり、05安保再編である。ここでは、この04大綱による自衛隊の「離島防衛作戦」＝南西重視戦略を、じっくりと見てみよう。

04大綱の南西重視戦略

04大綱はその冒頭のところで、「我が国に対する本格的な侵略事態生起の可能性は低下する」が、「新たな脅威や多様な事態に対応」することが求められているとして、この新たな脅威として、「弾道ミサイルへの対応」**「ゲリラや特殊部隊による攻撃への対応」「島嶼部に対する侵**

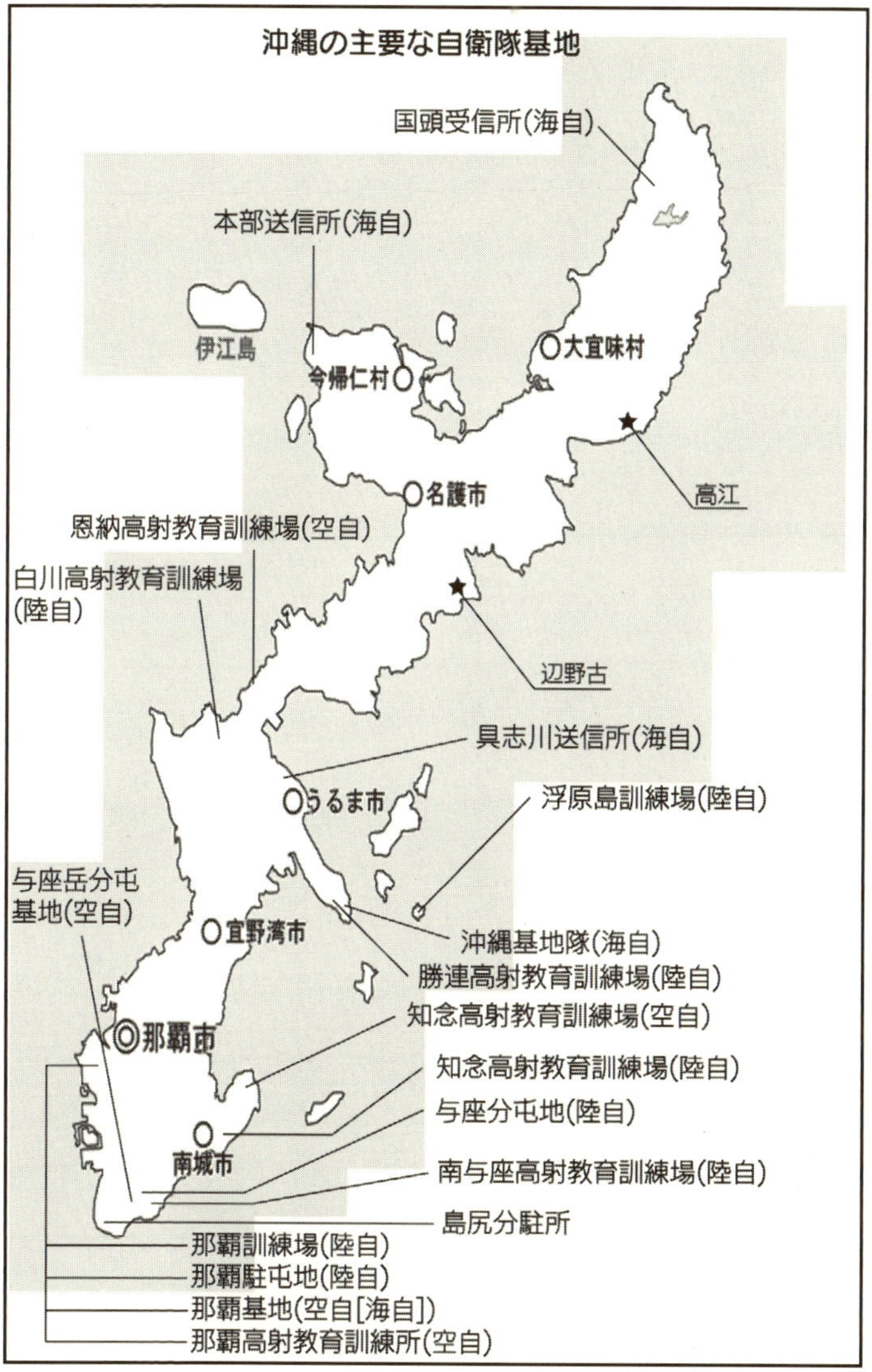
沖縄の主要な自衛隊基地
国頭受信所(海自)
本部送信所(海自)
伊江島
今帰仁村
大宜味村
高江
名護市
恩納高射教育訓練場(空自)
白川高射教育訓練場(陸自)
辺野古
具志川送信所(海自)
うるま市
浮原島訓練場(陸自)
与座岳分屯基地(空自)
宜野湾市
沖縄基地隊(海自)
勝連高射教育訓練場(陸自)
那覇市
知念高射教育訓練場(空自)
知念高射教育訓練場(陸自)
与座分屯地(陸自)
南城市
南与座高射教育訓練場(陸自)
島尻分駐所
那覇訓練場(陸自)
那覇駐屯地(陸自)
那覇基地(空自[海自])
那覇高射教育訓練所(空自)

略への対応」などを列挙している。

そして、「島嶼部に対する侵略への対応」として、「島嶼部に対する侵略への対応としては、部隊を機動的に輸送・展開し、迅速に対応するものし、実効的な対処能力を備えた体制を保持する」と、簡単にしか記されていない。

つまり、04大綱では、島嶼部への侵略という事態がいかなるものか、まったく明記されていないのである。また、自衛隊が北方重視戦略から西方重視戦略・南西重視戦略に転換したことも、まったく触れられていない。

しかし、自衛隊内の文書では、これについて詳しく記された文書が存在する。その一つは、陸自幕僚監部の発行する『陸上自衛隊の改革の方向』(防衛省サイト)である。

この文書は、まず「部隊配置の見直し」として、「**配備の地理的重点正面を北から南、東から西へと変更**します。特に、北海道に所在する部隊の勢力を適正な規模にするとともに、日本海側及び**南西諸島正面の配備を強化**して、今まで相対的に配備の薄かった地域の部隊を充実します」と述べている。つまり、自衛隊全体が、北方重視戦略から西方重視戦略・南西重視戦略へ全面的に転換し、それに沿って部隊配置を再編することを述べている。しかし、この文書では、なぜ、沖縄の島嶼部への侵略の対応が必要なのかを、まだ少しも言ってはいない。

この南西重視戦略―島嶼部の侵略への対応の目的を、もう少し明確にしているのが、04大綱の原案として作られた「『防衛力の在り方検討会議』のまとめ」（04年11月、以下、「まとめ」と略す）である。この「検討会議」は、防衛庁内部の機関であり、それによって作成されたのが「まとめ」である。この「まとめ」は、「従来陸上防衛力の希薄であった地域（南西諸島・日本海側）の態勢強化」として、以下のようにいう。

「沖縄本島は九州から約５００km離れ、沖縄本島から最南西端の与那国島では約５００kmに渡り多数の島嶼が広がっている。また、南西諸島は近傍に重要な海上交通路や海洋資源が所在する戦略上の要衝となっている。海上交通路を確保するためには、南西諸島の防衛態勢を強化し、島嶼部への侵略等の多様な事態に的確に対処できる体制を構築することが必要である。このため、統合運用の観点から三自衛隊の横断的な取り組みに留意しつつ、陸上自衛隊においても取り組みを行う。また、陸上防衛力が相対的に希薄な日本海側におけるゲリラや特殊部隊による攻撃等への迅速な対応を期すべく防衛態勢の強化を行う」

つまり、この「検討会議」のいう島嶼部防衛の目的は、海上交通路の確保、海洋資源の保護であるということだ。だがなぜ今、島嶼部の防衛が必要になったのか、その本当の意味についてはどこにも記述されていない。この島嶼防衛の本当の目的である「中国脅威論」＝中国軍への対処は、完全に隠蔽されているのだ。

南西諸島・島嶼防衛部隊の増強

そして、この「島嶼部に対する侵略への対応」のために、すでに04大綱にもとづく新中期防衛力整備計画（05〜09年度）では、装備の増強が始められた。すなわち、新中期防では、輸送・展開能力等の向上を図り、島嶼部に対する侵略に実効的に対処し得るよう、引き続き輸送ヘリ（CH－47JA／J）、空中給油機・輸送機（KC－767）、戦闘機（F－2）を整備する、としている。

装備の増強だけではない。この04大綱と新中期防衛力整備計画の策定で、「南西諸島の防衛態勢強化の観点から」（「まとめ」）決められたのが、沖縄駐屯の陸自第1混成団の旅団への改編である。

旅団として格上げされる第1混成団は、隊員約1500人が約2300人に増員される。その結果、現在の2個中隊が4個中隊に倍増され、現在の普通科群も普通科連隊に格上げされる。そして、新設される中隊のうち1個は那覇駐屯地に置かれ、残る1個は先島諸島の石垣島か、宮古島に置くことが検討されているという（04年9月21日の琉球新報は、宮古島に配備と明記）。

南西重視戦略の結果、増強されるのは、もちろん陸自だけではない。海自も、航空自衛隊（以

米軍キャンプ・ハンセン内の都市型訓練施設

下「空自」という）も、部隊として増強される。海自では、対島嶼奪回作戦のための潜水艦が配備され、また、固定翼機・哨戒部隊の即応待機態勢がとられる。空自では、沖縄防衛強化の一環としてF‐15戦闘機の配備が決定された。これは、空自那覇基地のF‐4戦闘機を航続距離が長く、空中給油機能を持つF‐15戦闘機と交代するというものだ。この他、海自による下地島へのP‐3C配備も計画され、下地島の空自基地化も計画されている。

（注　下地島空港は、普天間飛行場の移転候補地にあげられているが、ここを前からねらっているのが空自だ。だが、下地島空港は、71年の建設時に「屋良確認書」」つまり、軍事利用をしない合意が政府との間でなされている。）

04大綱の策定より前に、新たに編成された西部方面普通科連隊（02年3月に長崎の相浦駐屯地で編制）は、「対島嶼専門部隊」に他ならないが、04大綱による部隊再編・新編でも、中央即応集団（人員3200人）、特殊作戦群（人員300人）の編成が決められている。これらの部隊の編成は、すでに完了しているが、この部隊、特に**中央即応集団は、南西諸島への急派・増援部隊として指定**されている部隊でもある。

ところで、このような南西諸島の島嶼部隊の増強に関しては、産経新聞でも大変興味ある報道がなされている（05年1月3日付）。「**陸自と米陸軍・海兵隊の将官レベル協議**」と題する記事である。

これは、2004年11月の、「中国原潜が領海侵犯した先島諸島（南西諸島の一部）に陸自が駐屯していないことに双方が懸念を示し、領空・領海侵犯にとどまらず、離島侵攻も念頭に陸自と米軍が統合部隊として対応する必要があるとの認識で一致」という報道である。

この検討は具体的には、強化された陸自沖縄駐屯の第15旅団（10年3月に編制予定）、離島対処部隊として相浦駐屯地に配置されたレンジャー隊員中心の西部方面普通科連隊と、沖縄に駐留する米第31海兵遠征部隊のそれぞれ連携を強化し、有事に備え離島で日米共同訓練を実施することも討議されたという。

また、現地に陸上部隊を迅速に派遣するため、**先島諸島に輸送機の離着陸が可能な**「**共同輸**

送拠点」も設けること、具体的には、3000メートルの滑走路を持つ下地島空港（伊良部島・下地島）を利用する案が浮上しているという。さらに、「**事前集積拠点**」として**宮古島**が候補にあがり、陸自は「離島侵攻対処」で九州の西部方面普通科連隊を含め、西部方面隊などから約9000人を投入すると見積もり、先島諸島には弾薬や食料、燃料も常備されていないため、これらの「事前集積拠点」も設置する方針だという。

陸自と米海兵隊との島嶼防衛の共同演習、下地島空港の軍事化、そして宮古島への事前集積拠点建設という、この産経の記事は、それなりの信憑性がある。というのは、この報道の1年後には、陸自と海兵隊との「島嶼防衛」の共同演習が始まったからだ。

自衛隊と海兵隊との共同演習

それは、2006年1月27日に始まった、日米共同方面隊指揮所演習「ヤマサクラ」のことだ。これは文字通り、「島嶼防衛」「南西諸島有事」などを想定した日米指揮所演習である。陸自では、西部方面隊を中心に4400人が、米軍側では米本土の陸軍第1軍団、沖縄駐留の第3海兵師団から約1300人が参加した。この指揮所演習の内容は、詳しくは報道されていないが、「共同作戦時の指揮系統を確認」し、「想定には、離島が武装勢力の侵攻を受けた場合の奪回作戦が盛り込まれた」という。

米陸軍第1軍団については、すでに記してきたが、陸自が「南西諸島有事」をめぐって、米海兵隊との共同演習にまで踏み込んだことは、これが指揮所演習であるとはいえ、決定的に重大である。沖縄駐留の米海兵隊の現状と実態については後述するが、この海兵隊がまさに「殴り込み部隊」として、地域紛争・侵攻の先陣を務めていることは明らかだ。もちろん、陸自と海兵隊との共同訓練は、以前から市街地戦闘訓練などが、度々行われてきた。

しかし、この「ヤマサクラ」を皮切りとして、「離島防衛訓練」や「南西諸島有事」のための共同訓練・共同演習が日常化していくことになったのである。

「ヤマサクラ」の開始の少し前、2006年1月初め、陸自は米カリフォルニア州サンディエゴで、米海兵隊との共同訓練を行った。この訓練は、大きく報道されているように、陸自初の「離島防衛訓練」であり、陸自西部方面普通科連隊(125人)と米第1海兵師団が、サンディエゴ海岸に上陸するという、「上陸訓練」なのである。そして、2007年に入ると、第3海兵師団と陸自第1混成団との共同訓練が、熊本県の大矢野原演習場で行われたことが報道されている。

こうして、自衛隊は、「離島防衛」「南西諸島有事」対処という作戦行動を着々と強化している。その現在の状況が、2010年度の防衛省の概算要求に表れている「離島対処」演習である。

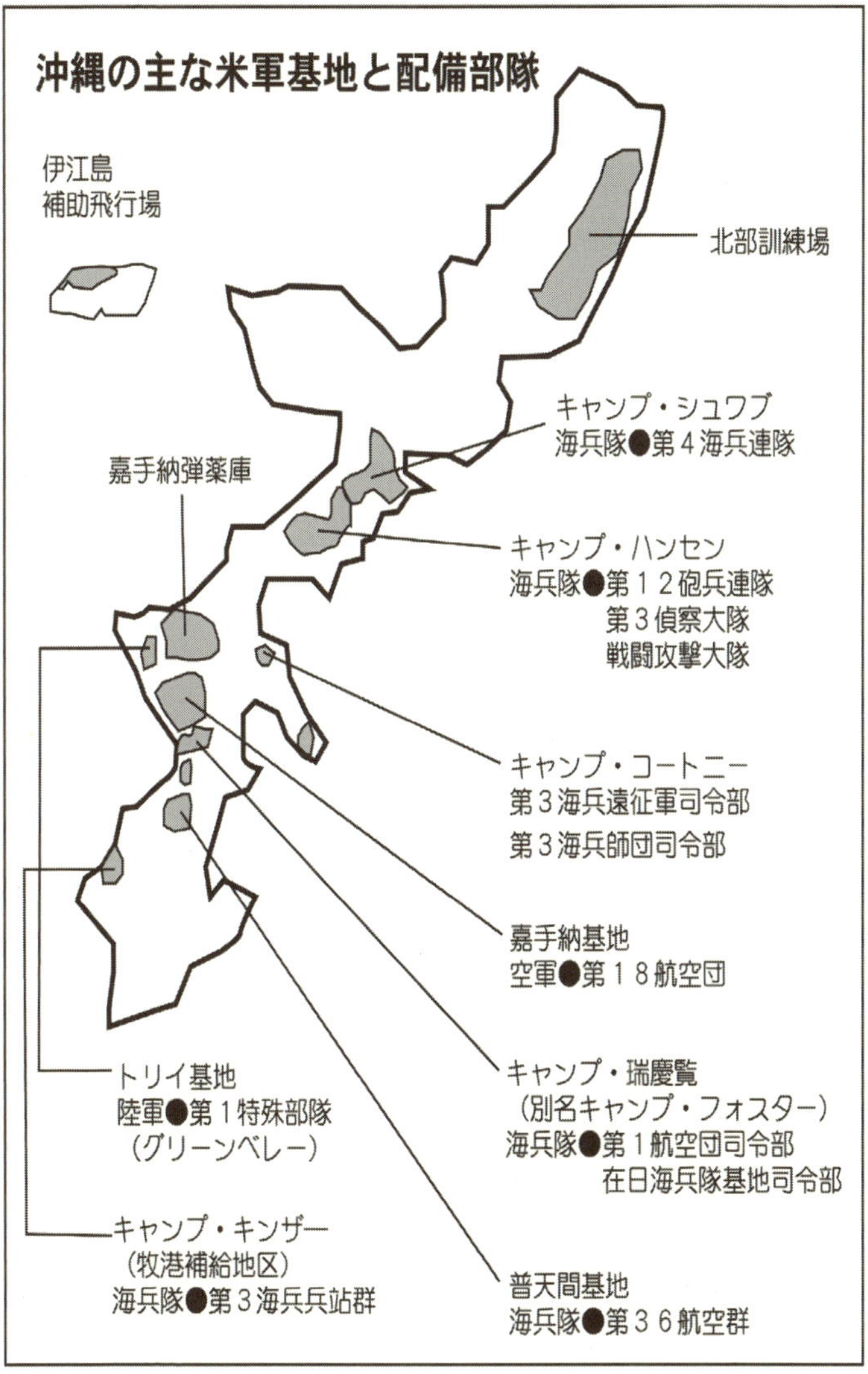
沖縄の主な米軍基地と配備部隊
伊江島
補助飛行場
北部訓練場
キャンプ・シュワブ
海兵隊●第４海兵連隊
嘉手納弾薬庫
キャンプ・ハンセン
海兵隊●第１２砲兵連隊
第３偵察大隊
戦闘攻撃大隊
キャンプ・コートニー
第３海兵遠征軍司令部
第３海兵師団司令部
嘉手納基地
空軍●第１８航空団
トリイ基地
陸軍●第１特殊部隊
（グリーンベレー）
キャンプ・瑞慶覧
（別名キャンプ・フォスター）
海兵隊●第１航空団司令部
在日海兵隊基地司令部
キャンプ・キンザー
（牧港補給地区）
海兵隊●第３海兵兵站群
普天間基地
海兵隊●第３６航空群

防衛省の2010年度概算要求には、「離島対処・陸自実動演習」として、「島嶼部における各種事態への対処」、「離島侵攻に対する主要な訓練」として、以下のことが計画・要求されている。

①「陸自方面隊実動演習」（離島対処）「新規」──「島嶼部から内陸部に至る侵攻対処において海空自衛隊との連携要領等を実動訓練により演練」、②「米国における陸自部隊と米海兵隊との実動訓練」、③「南西諸島防衛体制強化の観点から西方における空中機動力を強化（多用途ヘリの整備）」。

鳩山民主党政権の「事業仕分け」にも関わらず、これらは削減することなく実行されようとしているが、その内容は従来の「指揮所演習」に留まらない「実動演習」、つまり、実際に陸自の大部隊を動かしての演習を今年度から行う、ということだ。それも、陸自の方面隊規模の演習である。連隊でも師団規模でもない、西部方面隊規模の演習という、この大部隊を動かした陸自の演習を、沖縄の民衆はどのように受け止めるだろうか。少なくとも、陸自の数千人規模の大部隊が、演習を名目に「沖縄」（先島諸島）に投入されるのである。それも、〝上陸作戦部隊〟として、である。

新『野外令』の島嶼部上陸作戦

この「離島対処」という陸自方面隊実動演習の内容は、現在のところ、詳細は分かっていない。しかし、これも手がかりはある。すでに紹介した、改定された『野外令』が自衛隊では、初めて「離島防衛」「上陸作戦」などの新しい作戦要領を記述しているからだ。

新『野外令』が陸自では、初めて「ゲリラ・コマンドウ作戦」を記していることは、すでに紹介してきたが、ゲリラ・コマンドウ作戦と連動するのが、**「離島の防衛」**（『野外令』第5編第3章第4節）である。これはどのような作戦行動なのか。

まず、この『野外令』の離島の防衛について、『野外令改正理由書』（陸自幕僚監部）は、「離島に対する単独侵攻の脅威に対応するため、方面隊が主作戦として対処する要領を新規に記述した」と述べ、この離島の防衛という作戦行動が、単なるゲリラ・コマンドウ作戦レベルの小規模の戦いではないこと、すなわち、「方面隊の主作戦」であることを強調している。

そして、『野外令』は、「離島の防衛・要説」の項目で、具体的に「敵は、離島を占領するため、通常、上陸侵攻と降着侵攻を併用して主導的かつ不意急襲的に侵攻する」と、その攻撃様相を想定し、これに対処する陸自の離島防衛作戦には、**「事前配置による要領」**と**「奪回による要領」**

の二つの作戦があると記述している。

この事前配置による対処要領が、「所要の部隊を敵の侵攻に先んじて、速やかに離島に配置して作戦準備を整え、侵攻する敵を対着上陸作戦により早期に打破する」というもので、このためには、対着上陸作戦を基礎とした「離島配置部隊」「戦闘支援部隊」などを編成するというものだ。

自衛隊の対テロ・ゲリラ戦訓練

また、**「奪回による要領」**は、**「空中機動作戦及び海上輸送作戦による上陸作戦を遂行し、海岸堡を占領」**するというもので、このためには、「航空・艦砲等の火力による敵の制圧に引き続き」「離島に対する空中機動作戦及び海上機動作戦」による「上陸作戦」を基礎として、「着上陸部隊、戦闘支援部隊」などを編成するという。

明らかなように、離島防衛作戦とは、前者が対着上陸作戦であり、後者が「上陸作戦」である。そして、この対着上陸作戦とは、冷戦時代の機甲化部隊を中心とする作戦戦闘として行われてきたものであるが、後者の「上陸作戦」は、陸自ではまったく初めての作戦戦闘なのである。

旧『野外令』では、「対着上陸戦闘」（第6編第1章）の記述はあったが、「上陸戦闘・作戦」の記述は、まったくなかった。しかし、この新『野外令』で初めて、これが制定されたということなのだ。

こういう意味からすると、米海兵隊との共同訓練・演習は、文字通り、海兵隊の任務からしても陸自の上陸作戦、すなわち海外展開能力を形成するための訓練である、といえよう。そして、問題なのは、このようにして自衛隊が、「離島防衛対処」を口実にして、海外展開能力＝海外派兵能力をつくりだそうとしているということだ。

第4章　日米安保体制下の沖縄海兵隊

米海兵隊とは

前章までは、中国脅威論や南西重視戦略のもとに、自衛隊と米海兵隊が実戦的な共同訓練・共同演習を行う段階にきていることを述べてきた。さて、ここからは、自衛隊と共同する海兵隊、特に沖縄駐留の米海兵隊とは、どういう軍隊なのか、またそれはどういう任務を帯びているのか。そのような海兵隊は、果たして日本・沖縄に駐留する必要があるのか―このような諸問題について検討したい。

この海兵隊であるが、米軍の中でも独特の組織であることはよく知られている。これは、米国防総省の中の四つの軍事部門―陸軍・空軍・海軍・海兵隊―の一つであり、海兵隊と海軍は海軍省内では別々の部門である。海兵隊の総司令部は、米本土ヴァージニア州アーリントン地区に置かれている。

海兵隊の指揮系統は、大統領―国防長官―海軍長官―海兵隊総司令官―の隷下のもとで、太平洋軍傘下の太平洋海兵隊（第1・第3海兵遠征軍を編制）、統合戦力軍傘下の大西洋海兵隊（海兵隊部隊コマンドともいう。第2海兵遠征軍を編制）などがある。しかし、この二つを除く海兵隊の部隊、たとえば中央軍傘下の中央海兵隊（中東）、欧州軍傘下の欧州海兵隊、南方軍傘下の南方海兵隊などでは実動部隊は存在せず、平時は司令部のみである。この海兵隊総兵員は、約18万7千人（女性兵士約1万人、予備役約10・4万人含む）という規模の部隊である（次頁図参照）。

こうして、太平洋・大西洋という両太洋を中心に実戦的に編制されている海兵隊は、米本土を含めて3個の海兵遠征軍（MEF Marine Expeditionary Force）・3個の海兵遠征旅団（MEB Marine Expeditionary Brigade）・7個の海兵遠征部隊（MEU Marine Expeditionary Unit）という、それぞれの規模の統合軍を中心に組織されているのが、大きな特徴だ。これらの部隊は、「遠征」という名称にも表れているように、「遠くに征伐に行く」軍隊であり、常時の海外派兵部隊、海外展開部隊を軸に編制されているのが、米海兵隊である。

この「遠くへ征伐に行く」、つまり、海外で単独で行動できる部隊ということで、海兵隊の遠征軍・遠征旅団・遠征部隊は、「海兵空地機動部隊」（MAGTF・マグタフ）という、特別の編制が行われている。すなわち、MEF・MEB・MEUは、それぞれが「歩兵・艦艇・航空機・兵站の統合運用組織」であり、陸海空三軍の主要機能をすべて備えた「統合軍」であると

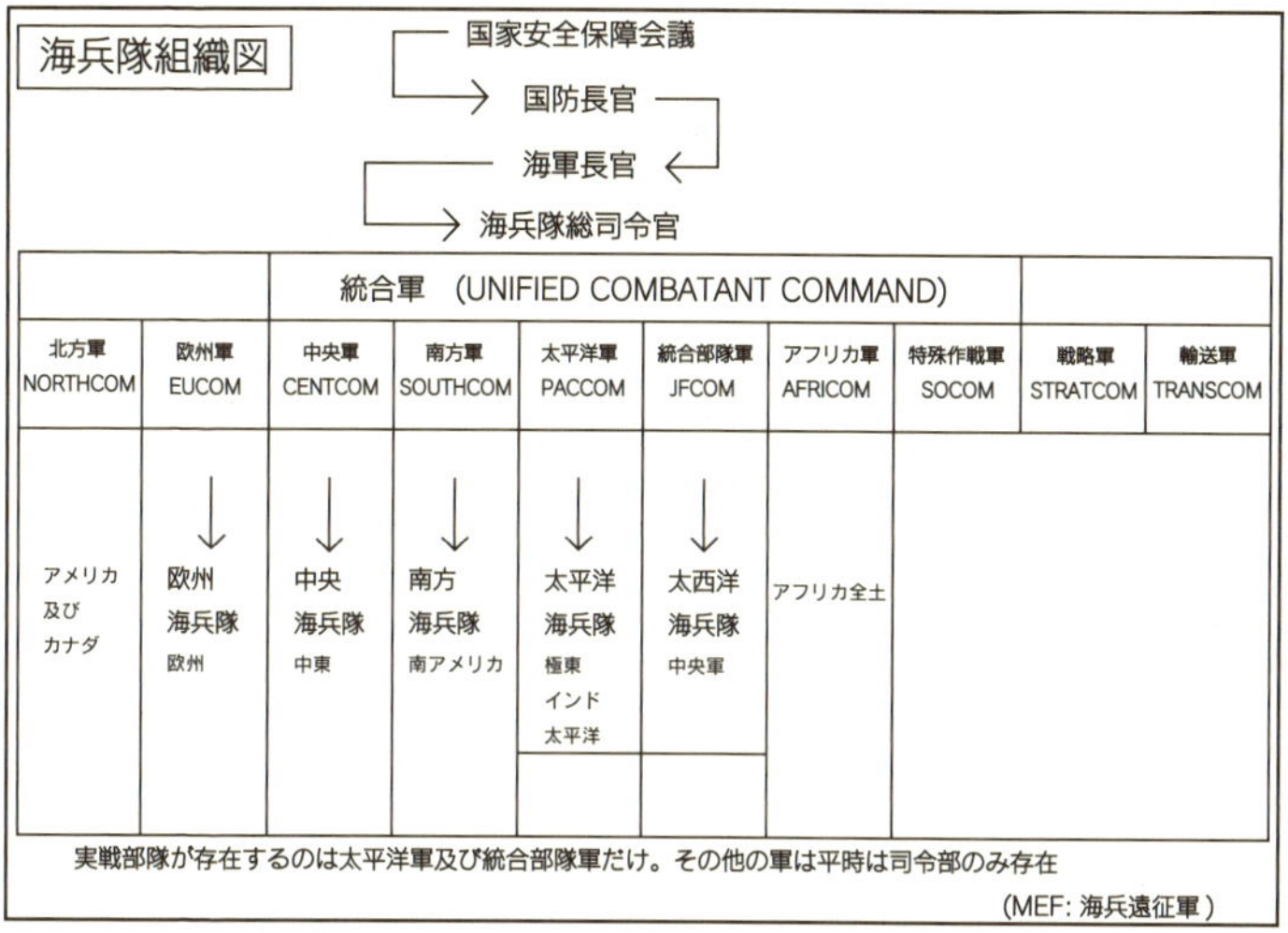

いうことだ（次頁図参照）。

言い換えると、各々の海兵空地機動部隊は、規模は異なるが、司令部隊・地上戦闘部隊・航空戦闘部隊・戦務兵站部隊の四つの戦闘単位組織で統合的に構成されているということだ。分かりやすく言えば、この「海兵空地機動部隊」の編制は、常に戦時への出動態勢に置かれることを目的として設置された軍隊である、ということだ。

そして、海兵空地機動部隊のそれぞれの規模と任務であるが、まず、海兵遠征軍（MEF）は、通常は1個の海兵師団を中軸に編制され、海兵空地機動部隊の中でも最大規模の部隊である。その兵員は、通常の編制では海兵隊約5万人プラス海軍2600人の人員、部隊としては1個の海兵航空団、1個の海兵兵站群が組み込まれている。戦闘単位部隊としては、砲兵連隊・戦車大隊・軽武

海兵空地機動部隊の一般的組織図

	全　般	陸上部隊	航空部隊	支援部隊
海兵遠征軍	司令官：中将 規模：20000-90000 60日間の継戦能力	師団（18000） 3個歩兵連隊 1個砲兵連隊 1個戦車大隊　等	海兵航空団 数個航空群 航空機約300機	部隊戦務支援群 軍警察 補給 整備　等
海兵遠征旅団	司令官：准将 規模：3000-20000 30日間の継戦能力	歩兵連隊 3個歩兵大隊　等	海兵航空群 数個飛行隊　等	旅団戦務支援群
海兵遠征部隊	司令官：大佐 規模：1500-3000 15日間の継戦能力	歩兵大隊 3個歩兵中隊 1個砲兵中隊　等	ヘリコプター飛行隊 等	戦務支援群

装車両大隊・航空団・航空支援部隊・兵站部隊で編制されている。すでに見てきたように、米軍には常時、3個の海兵遠征軍が編制されている。

また、海兵遠征旅団（MEB）は、通常は兵員1万5000人プラス海軍900人の人員で組織されている。これも通常は、およそ1個歩兵連隊・1個航空群・旅団支援部隊で編制され、その中には固定翼機74機とヘリ104機が配備されている。

海兵遠征部隊（MEU）は、海兵空地機動部隊の中で最小の組織であり、兵員2200人で編制される。基本戦闘単位は、1個司令部・1個歩兵大隊・1個混成飛行隊・1個戦闘補給支援隊である。

この海兵空地機動部隊のそれぞれの任務であるが、まず、最小の海兵遠征部隊は、その任務に対応して、いわゆる「前進配備」され、最初に戦場に登場する部隊であり、作戦期間は15日程度である。つまり、「低強度紛争」に動員される部隊だ。この海兵遠征部隊には、最近の対テロ戦の強化の中で、特殊作戦遂行能力軍(SOC)も追加されている。

次に、中規模のものである海兵遠征旅団は、強襲侵攻などのあらゆる紛争・戦争に使用できるよう編制された部隊であり、通常、30日程度の「中強度紛争」に動員するとされる。この海兵遠征旅団用の事前集積拠点として、インド洋に浮かぶディエゴ・ガルシア島の第2海上事前集積船隊が存在することが知られている。最後の海兵遠征軍であるが、これは大規模の戦争に参加するために編制された最大規模の部隊である。

海兵遠征軍と海軍遠征打撃群

ところで、これらの遠征軍・遠征旅団・遠征部隊は、米軍の中ではどのように編制・配置されているのか。特に米軍は世界的に配備されている軍隊であるから、その編制・配置も重要である。

まず、海兵遠征軍であるが、これは第1海兵遠征軍(カリフォルニア)・第2海兵遠征軍(ノースカロライナ)・第3海兵遠征軍(沖縄)の3個の遠征軍が編制・配置されている。また、海兵遠征旅団は、第1・第2・第3の3個の旅団で編制され、海兵遠征部隊は、第11・第13・第15

（以上は第1海兵遠征軍）、第22・第24・第26（以上は第2海兵遠征軍）、第31（第3海兵遠征軍）の7個の遠征部隊で編制されている。後述するが、この最後の第3海兵遠征軍の第31海兵遠征部隊と、第3海兵遠征旅団が沖縄駐留の海兵隊である。

付け加えると、米軍の中での海兵師団であるが、この海兵師団は、第1・第2・第3・第4（予備役）の4個の海兵師団が編制され、このうち、第3海兵師団が沖縄に駐留している。また、海兵航空団は、第1海兵航空団（岩国配備）の他、第2・第3・第4（予備役）の4個の航空団が編制されている。

海兵隊は、その付随する部隊だけでは、侵攻作戦を行うのは難しい。そこで海兵隊と併用して用いられるのが、「海軍遠征打撃群」である。もちろん海兵隊は、それに配備されている輸送機やヘリ部隊などで空輸展開も行うが、一般的には海軍の揚陸艦などに乗船して、揚陸作戦を展開する。通常、このように海上に前方展開して、揚陸艦に乗船する海兵隊部隊を支援するのが、「海軍遠征打撃群」（ＥＳＧ）であり、1個海軍遠征打撃群には1個海兵遠征部隊が乗船する。

この部隊は、水陸両用群を基本に、強襲揚陸艦1隻・輸送揚陸艦1隻・揚陸艦（ＬＳＤ）1隻の3隻、イージス巡洋艦1隻・イージス駆逐艦1隻など水上戦闘艦3隻、攻撃型潜水艦1隻で1個遠征打撃群が編成され、これを米海軍は12グループ保有している。そして、この中の第

第31海兵遠征部隊の司令部があるキャンプ・ハンセン

７遠征打撃群・第11水陸両用戦隊（佐世保）が、第３海兵遠征軍の揚陸作戦を担っているのである（佐世保を母港とするワスプ級強襲揚陸艦「エセックス」など）。

最近では、こうした揚陸艦以外に海兵隊は、高速連結艦や高速船エア・クッション揚陸艦まで利用し始めている。特に、海兵隊がオーストラリアからチャーターしている双胴高速船は、乗員51名・海兵隊員３７０名という大量の兵員・ヘリや機材の装備まで搭載できるだけでなく、最高時速85キロという超高速の揚陸艦である。このため、沖縄の第３海兵遠征軍などは、日本本土での共同演習に日常的に活用しているといわれている。

さて問題は、米海兵隊、とりわけ海兵遠征軍などの海兵空地機動部隊の担当地域と任務である。太平洋海兵隊の作戦区域は、「米西海岸からアジア太平洋地域・アフリカ東海岸・中東地域」までと言われ、太平洋軍の作戦地域より広いとされる。

太平洋海兵隊は、もともとは「太平洋艦隊海兵隊」と言われていたが、これは1992年7月に、太平洋軍隷下に新設されたものだ。この新設においては、中央海兵隊司令部（中東地域担当）と統合され、格上げされたのである。重要なのは、太平洋海兵隊の米軍の中のランクは、太平洋陸軍・太平洋艦隊などと同様であるということだ。そして、この太平洋海兵隊の新設によって、沖縄に第31海兵遠征部隊司令部（キャンプ・シュワブ）が新設され、強襲揚陸艦部隊・第11水陸両用戦隊が佐世保を母港にしたことである。この背景にあるのは、アメリカのアジア太平洋戦略の転換—冷戦終焉後の地域紛争対処戦略への転換にあったことは明らかだ。

沖縄海兵隊の実態

今まで見てきたように、沖縄駐留の第3海兵遠征軍は、太平洋海兵隊隷下の統合軍であり、その兵員約2万1000人の約86％が沖縄に駐留している（その他はハワイ駐留。在沖米軍約2万8000人の約6割が海兵隊員）。

その沖縄の第3海兵遠征軍の編制は、第3海兵遠征旅団・第31海兵遠征部隊・第1海兵航空

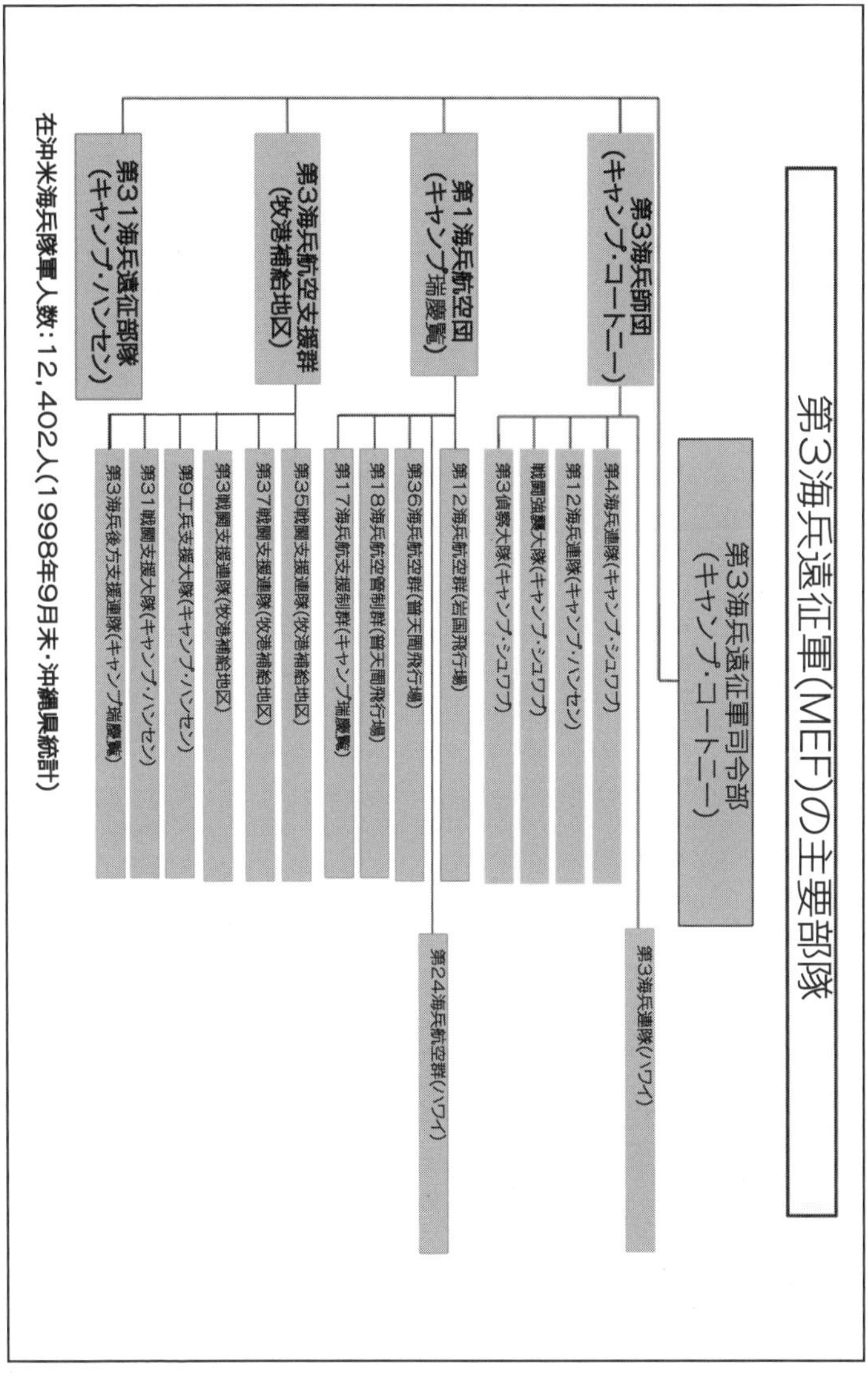
第3海兵遠征軍(MEF)の主要部隊
第3海兵遠征軍司令部
（キャンプ・コートニー）
第3海兵師団
（キャンプ・コートニー）
第4海兵連隊(キャンプ・シュワブ)
第12海兵連隊(キャンプ・ハンセン)
戦闘強襲大隊(キャンプ・シュワブ)
第3偵察大隊(キャンプ・シュワブ)
第3海兵連隊(ハワイ)
第1海兵航空団
（キャンプ瑞慶覧）
第12海兵航空群(岩国飛行場)
第36海兵航空群(普天間飛行場)
第18海兵航空管制群(普天間飛行場)
第17海兵航支援制群(キャンプ瑞慶覧)
第24海兵航空群(ハワイ)
第3海兵航空支援群
（牧港補給地区）
第35戦闘支援連隊(牧港補給地区)
第37戦闘支援連隊(牧港補給地区)
第3戦闘支援連隊(牧港補給地区)
第9工兵支援大隊(キャンプ・ハンセン)
第31戦闘支援大隊(キャンプ・ハンセン)
第3海兵後方支援連隊(キャンプ瑞慶覧)
第31海兵遠征部隊
（キャンプ・ハンセン）
在沖米海兵隊軍人数：12，402人（1998年9月末・沖縄県統計）

団・第3海兵兵站群・空輪緊急対応MAGTF・第3海兵師団を中心に、第3海兵遠征軍司令部群・第7通信大隊・第3情報大隊・特殊作戦訓練群・司令部支援中隊などが駐留している。その兵員総数は、約1万2402人である（08年9月末、沖縄県の統計）。

そして、第3海兵遠征軍の中心は、第3海兵師団を構成する3個連隊のうち、第4海兵連隊と第12海兵連隊（砲兵）の2個の連隊であり、残る第3海兵連隊はハワイに配備（第12海兵連隊の第1大隊を含む）されている。また、第3海兵師団は、第1軽装甲大隊（第1強襲水陸両用部隊など）・第3偵察大隊・戦闘工兵中隊などにより構成された戦闘攻撃大隊によって増強されている。

ところで、この第3海兵遠征軍は、部隊配備プログラム（UDP）を取り入れている、海兵遠征軍の中の唯一の部隊である。UDPとは、歩兵大隊、砲兵中隊、軽装甲車・水陸両用車中隊をアメリカから沖縄へ、6カ月から7カ月交代で入れ替えるといった制度であり、このローテーションで提供されるのは、米本土の第1海兵遠征軍・第2海兵遠征軍の連隊からである。この理由については、海兵隊は第31海兵遠征部隊の充足率を100％にするため、と説明している。

しかし、アメリカの海兵遠征軍の中で、唯一、海外へ駐留しているのがこの第3海兵遠征軍であるが、この部隊がまた、唯一、UDPにあることはこの沖縄海兵隊の位置を正直に示して

米軍・嘉手納飛行場

いるといえよう（後述）。

この第3海兵遠征軍隷下の、その他の海兵隊の現状はどのようなものか。まずは、「海兵遠征旅団は中規模な海兵空地機動部隊で、その部隊規模は海兵遠征部隊を上回るが、海兵遠征軍には及ばない部隊構成」（米海兵隊サイト）とされる、第3海兵遠征旅団（司令部・うるま市）である。これは、唯一常設のMEB―即応部隊として、アジアから中東地域まで担当しているが、その正式の編制は2000年1月1日（同サイト）と比較的新しい。

そして、「多種多様な任務及び特殊作戦を遂行。その中でも、有事に備え、米国の太平洋地域での前方展開能力を示し、限られた期間で水陸両用作戦を実施」（海兵隊サイト）という第31海兵遠征部隊である。この遠征部隊は、司令部、空陸戦闘部隊および戦闘役務支援部隊で構成され、およそ2000名の海兵隊員と100人の海軍兵が所属（計2100人）している。第31海兵遠征部隊は、1992年9月に新編され、キャンプ・ハンセン（金武町）に司令部が置かれている。

さて、戦争の最初に先遣隊・突撃隊として姿を現す、この海兵遠征部隊（MEU）は、どのような編制や装備をしているのか。通常、1個の遠征部隊は、1個司令部・1個歩兵大隊・1個混成飛行隊・1個戦闘補給支援隊で構成されるといわれる。この中軸である1個歩兵大隊の基本編制は、司令部中隊・3個ライフル中隊・武器中隊で構成され、ライフル中隊が大隊の中心である。この1個遠征部隊には、通常、小火器類等の他、戦車5両・装甲車8～17両・水陸両用車12両・155ミリ砲6門・ヘリ23機が装備され、移動手段はヘリや上陸用舟艇の利用が多い。

いま沖縄で問題になっている海兵隊普天間飛行場の移転だが、この第3海兵遠征軍の航空輸送作戦や空地作戦を担っているのが、普天間飛行場の第1海兵航空団である（司令部はキャンプ・瑞慶覧。人員約6400名）。

一般的にいうと、海兵航空団とは、海兵隊にとって海兵空地機動部隊の中の地上部隊と並ぶ主要な戦闘部隊であり、1個海兵航空団（MAW）は、固定翼機航空群・2個回転翼機航空群・航空管制群・航空支援群（隊）で基本的に編制されている。しかし、第1海兵航空団（沖縄）

の第36海兵航空群の回転翼機航空群は１個編成だ。

その第36海兵航空群（回転）であるが、これは普天間飛行場に配備されたＣＨ－46Ｅ中型ヘリ２個飛行隊（１個飛行隊は12機、計24機）、攻撃ヘリＡＨ－１Ｗスーパーコブラ他の27機などから編制されている。

岩国に配備されている第12海兵航空群（固定）は、Ｆ／Ａ－18ホーネットの３個飛行隊（１個飛行隊は12機、計36機）他で編制されている。この他に、第１海兵航空団の保有する航空機は、戦闘機ＡＶ－８Ｂハリアー、空中給油・輸送機ＫＣ－１３０ハーキュリーズなどである。

問題は、海兵隊が２０１５年にかけて、ＣＨ－46などから新しく更新しようとしているＭＶ－22Ｂオスプレイである。この航空機は、主翼両端のプロペラの角度が変わるティルトローター（傾斜式回転翼）というもので、回転翼機と固定翼機を兼ねたものだ。乗員３名・兵員24名が搭乗可能、最大速度時速５００キロ、実用上昇限度８０００メートル、航続距離２３００キロという高性能を誇っている。

海兵隊は、オスプレイ３６０機の購入を決定しているが、これは飛行試験レベルで４回も墜落し30人が死亡するという、まぎれもない欠陥機なのである。こんなものが、仮に沖縄・日本に配備されたとするなら、事故の多発は免れない。

この他、沖縄に駐留する海兵隊の部隊（一部は本土）は、第３海兵遠征軍・第１海兵航空団を支援する第3海兵兵站群が配備されている。これらの部隊は、キャンプ・キンザー（浦添市）に司令部を置く本部役務大隊と第3即応物資大隊、キャンプ・ハンセン（金武町）に駐留する第3医療大隊と第9工兵支援大隊、本土の海兵隊岩国航空基地にある第36戦闘役務支援分遣隊、同じ本土キャンプ・富士にある第76戦闘役務支援分遣隊、そして、ハワイ・カネオへ湾にある第3戦闘役務支援分遣隊などで編制されている。

米海兵隊は沖縄に必要なのか？

すでに述べてきたが、海兵隊は戦場への、いわゆる「殴り込み部隊」として、紛争が発生したときに真っ先に上陸用舟艇で沿岸に上陸したり、ヘリボーン部隊と地上部隊の協同で敵地に投入される部隊であることはよく知られている。近年では、小規模地域紛争や人質救出などで、地上部隊と航空部隊の連携による、AH－1攻撃ヘリ「コブラ」などを使った作戦が有名だ。

つまり、米海兵隊、特に海兵遠征部隊などは、常時待機態勢下にあり、紛争・戦争勃発とともに第一陣の部隊として戦場に投下され、その後に陸海空部隊の本隊が戦場に続々と投入されるというものだ。これを米軍では、「ファーストイン、ファースト」（最初に戦場に到着・最初に戦場を離脱）という言葉で表しているという。

そして、海兵隊は、アメリカのアジア太平洋の軍事戦略のもとに沖縄に配備されているが、その沖縄は、米太平洋軍にとって前方展開戦略の拠点（日本は戦略展開拠点・ＰＰＨ）として位置付けられている。

ところで、太平洋戦争後、あの「沖縄戦」を経て、沖縄に最初に常駐配備された戦闘部隊は海兵隊である。１９５５年7月、第3海兵師団が沖縄に常駐し、その後の１９６０年3月には、第1海兵航空団の第16海兵航空群が普天間に配備される。そして、沖縄の海兵隊は、朝鮮戦争・ベトナム戦争・湾岸戦争・イラク戦争に、沖縄から直接出動して行くのである。とりわけ、沖縄駐留の海兵隊は、２００４年4月と11月、そして２００６年のイラク・ファルージャの戦闘に米陸軍とともに、海兵隊混成大隊規模で参加したといわれている。

海兵隊のホームページには、「沖縄に駐留するほとんどの海兵隊員はキャンプ・コートニーに司令部を持つ第3海兵遠征軍に所属」し、「第3海兵遠征軍は１９４２年10月に編成された第1と第2海兵水陸両用部隊の後裔であり、１９４４年4月に第3海兵水陸両用部隊として再命名」され、「第3海兵水陸両用部隊はサイパン、ティニアン、硫黄島や沖縄の戦争に参加」と書かれているが、まさに沖縄戦に参戦し、その後、沖縄占領・駐留の先陣を務めたのが海兵隊なのだ。その証拠に、沖縄の海兵隊の六つのキャンプの名称は、沖縄戦で名誉勲章を授けられた海兵隊員に因んで付けられている――キャンプ・シュワブ、キャンプ・ハンセン、キャンプ・

コートニーなどである。

そして、海兵隊のサイトには、こうも書かれている。「（沖縄の）この戦略的位置のおかげで、我々は年間およそ70回にも及ぶ、タイ、韓国、オーストラリア、フィリピンといったアジア太平洋地域の国々との間で統合・共同又は二国間訓練に参加することができます」と。

ここでいう、沖縄海兵隊の共同の軍事訓練とは、「コブラ・ゴールド（タイ）」、「フォール・イーグル（韓国）」、「カンガルー（オーストラリア）」、「カーン・クエスト（モンゴル）」、「ターミナル・フリー（台湾）」、「バリタカン（フィリピン）」、そして「ヤマサクラ（日本）」など、アジア太平洋地域の8カ国との訓練・演習である。コブラ・ゴールドは、数年前から自衛隊も参加している多国間の共同演習だ。

ここに見るのは、沖縄米海兵隊が訓練・演習を媒介に、アジア太平洋の諸国軍を戦時態勢に組み入れることを目論んでいるということであり、この訓練への組み入れを通じてまた、アジア諸国をアメリカのアジア太平洋戦略のもとに動員しようとしているということだ。

このアジア太平洋地域の軍隊との共同訓練・演習でも、実際に実現されているのが沖縄海兵隊の「**エアー・ブリッジ**」だ。これは、海兵隊普天間飛行場から東南アジア地域へ、ヘリとC－130給油機による、作戦のための移動・展開である。つまり、沖縄海兵隊が東南アジア地域へ移動・展開する場合、**普天間飛行場から下地島―フィリピン―シンガポール―マレーシア**

名護市辺野古の米軍キャンプ・シュワブ

ータイを経由して飛行するのであるが、このルート、この拠点を「エアー・ブリッジ」として設定しているということだ。

「エアー・ブリッジ」は、実際に「コブラ・ゴールド」などの訓練で何回も実施されているという。また、海兵隊とフィリピン軍との合同演習「タロン・ピジョン」などでも、沖縄からの「エアー・ブリッジ」は実施されている。つまり、普天間飛行場は、海兵隊のアジア太平洋地域への侵略の拠点、侵攻ルートとなっているのだ。

ここで言えるのは、沖縄駐留の海兵隊・第3海兵遠征軍は、アジア太平洋地域の「地域紛争脅威論」にもとづき、その緊急即応展開のために存在していると言われるが、果たしてそうなのかということだ。

海兵隊の新任務はＰＫＯ？

第1に、すでに紹介したが、ここ10年にわたる沖縄海兵隊の実際の展開は、イラク戦争への派遣に明らかなように、米陸軍部隊との協同での運用、それも「遠征軍―先陣部隊」としての運用ではなく、ほとんどが海兵師団・旅団の一般的な運用であるということだ。つまり、「緊急展開部隊」としての海兵隊の運用は、イラク戦争などの地域紛争では必要がなかったということである。

このことから、第2に、最近の海兵隊の実際的運用は、アジア太平洋地域ではほとんどが、自然災害などの災害出動に限られているということだ。先の海兵隊サイトでは、「第3海兵遠征軍はバングラデッシュ、フィリピン、神戸そして東ティモールにおいて**人道的支援活動及び災害救援活動等の任務で重要な役割**を果たしてきました」と書かれてあるが、たとえば、至近の沖縄海兵隊の出動は、２００９年のインド洋津波でのインドネシアへの派遣や、２００７年のバングラデシュのサイクロンへの派遣である（ヘリ40機・海兵２３００人の派遣）。

それにしても、海兵隊という文字通りの戦闘部隊を、津波やサイクロンなどの災害に派遣して何の意味があるというのか？　確かに、その保有するヘリや輸送機は、緊急物資の輸送・投下には、一定の役割は果たす。しかしながら、災害でのもっとも困難な「初動救出」には、海兵隊の「初動作戦」などは何の役にも立たないばかりか、他の救援部隊にとっては足手まといにしかならない。戦後の自衛隊に習い、その存在意義を示すためにでっち上げられた「海兵隊の災害派遣」など、笑い話にもならない。

そして海兵隊は、21世紀の海兵隊の任務を「市街戦（イラク戦争の経験）と平和維持活動」である、と言うのだが、市街戦はともかく、ＰＫＯや災害派遣が海兵隊の新任務であるとするのでは、その存在価値は根本から疑われる。

第3に、沖縄駐留の第3海兵遠征軍・海兵師団は、他の部隊よりも部隊数・兵員なども少なく、なぜ沖縄に駐留しているのか、という疑問が生じる。たとえば、太平洋軍傘下の第1海兵遠征軍には、3個の海兵遠征部隊が編制され、大西洋軍傘下の第2海兵遠征軍にも同じく3個の海兵遠征部隊が編制されているが、沖縄の第3海兵遠征軍は、1個の海兵遠征部隊だけだ。あるいは、沖縄の第3海兵師団は、他の海兵師団と比較しても歩兵連隊が1個少なく、戦車大隊などの多くの部隊が編制されていない。この理由を海兵隊は、例の「部隊配備プログラム」の問題と説明するのであるが、実際はそれ以外の理由があるのではないか。

つまり、第3海兵遠征軍や第3海兵師団の兵員数・部隊数が少ないのは、海兵隊の沖縄駐留が**〝象徴的駐留〟**にすぎない、ということの証明だということだ。つまり、「思いやり予算」

などで、海兵隊を日本―沖縄に駐留しているほうが、アメリカにとっては財政的にも大変得をするのであるから、その形式的存在が必要なのである。

現実に、イラク戦争・アフガン戦争などの地域紛争に、他の陸軍部隊などと併用される海兵隊は、高財政負担の米本土に置くより、日本―沖縄に置くほうが非常に安上がりだ（「思いやり予算」については後述）。よく指摘されるように、米海兵隊の3個の海兵遠征軍の中で、海外に駐留しているのは日本だけであるという事実もまた、このことを証明している。

そして第4に、沖縄に駐留する第3海兵遠征軍は、すでにその任務が、「極東」を越えるばかりか、アジア太平洋地域をも越えて、中東・アフリカなどの全世界に広がっているということであり、沖縄に駐留する意味・意義は、ほとんど存在しなくなっているということだ。これもすでに見てきたが、沖縄海兵隊の「戦場への動員・展開」のすべてが、イラク戦争などの中東・湾岸地域で行われており、沖縄駐留の意味はまったくなくなっているのだ。つまり、「緊急即応・展開部隊」としての海兵隊が、地域的にも、時間的にも、沖縄に駐留している意義は、完全に失われているのである。

（注「思いやり予算」とは、防衛省予算に計上されている在日米軍駐留経費負担の通称。その最近の額を見ると、05年2378億円、06年2326億円、07年2173億円、08年2083億円である。だがこの他、たとえば07年度で2173億円を「思いやり」で支出するほか、地代や周辺の防音工事、自治体への補助金、無償提供中の国有地の推定地代を含めると、日本側の負担は年間６０９２億円、米兵１人当たり約１８００万円に達する。この内容には次のものを含んでいる。

・光熱上下水料等（１９９１年度から）―「特別協定に基づき、公用のため調達する電気、ガス、水道、下水道及び暖房用等の燃料の料金又は代金を負担。

・訓練移転費（１９９６年度から）―「特別協定に基づき、日本側の要請に基づく在日米軍の訓練の移転に伴う追加的経費を負担。

＊09年度の在日米軍の駐留に関する予算（防衛省サイトより）では、「周辺対策、施設の借料等１７３９億円＋在日米軍駐留経費１９２８億円＝３６６７億円」＋「防衛省以外の他省庁分（基地交付金等３４２億円）、提供普通財産借上試算（１６４８億円）＝総計５６５７億円」＋「ＳＡＣＯ関係費１１２億円」＋「米軍再編関係費６０２億円」＝総計６３７１億円と巨額になっている。これに、グアム移転費などの約61億ドルが追加されるのだ。）

米軍再編と海兵隊のグアム移転

このように、沖縄駐留海兵隊の存在意義がまったく喪失している状況において、ＳＡＣＯ合意・日米ロードマップによる海兵隊のグアム移転（政府のいう司令部機能？）は、どのような意

グアム島の米軍基地

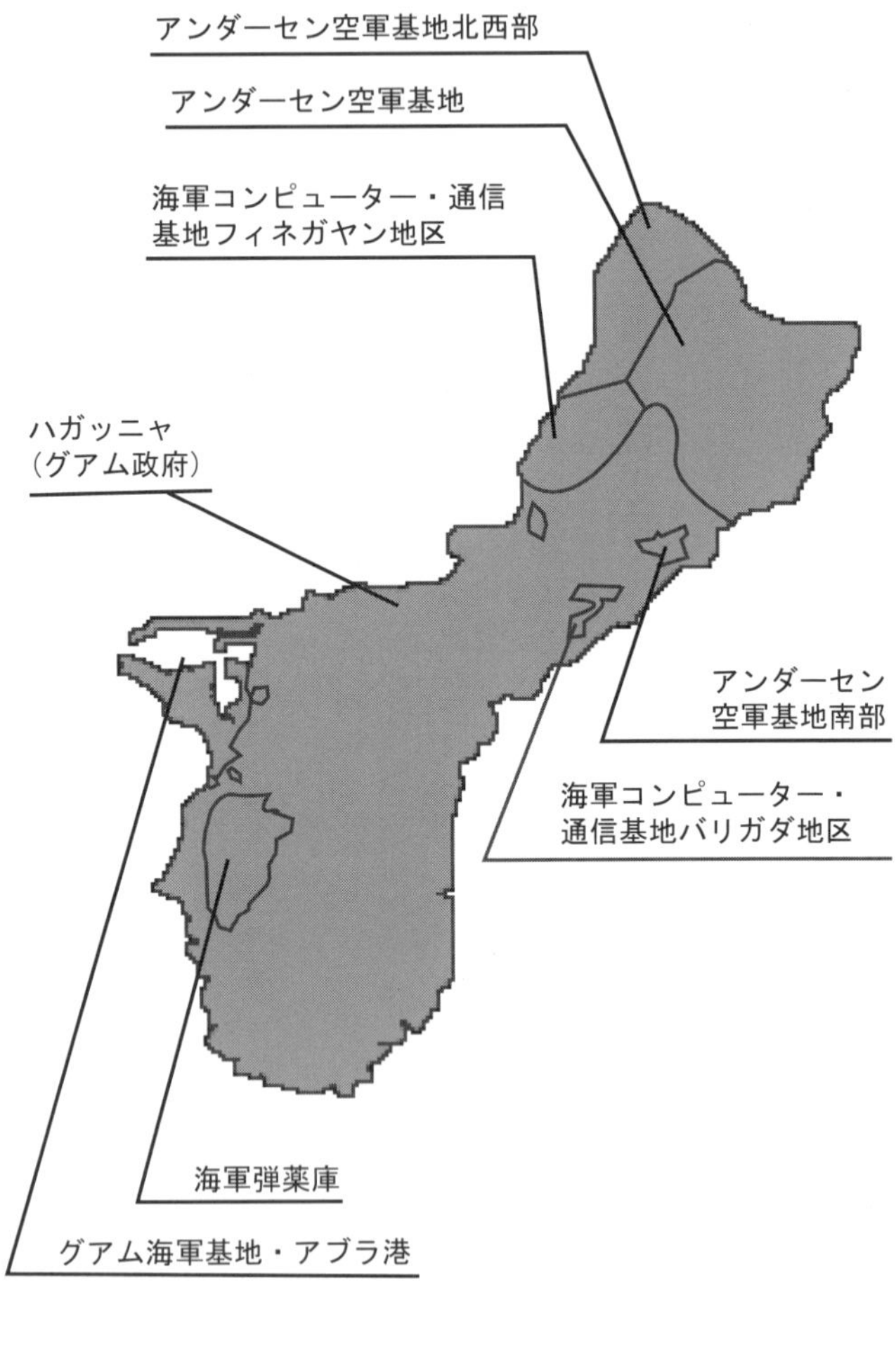
アンダーセン空軍基地北西部
アンダーセン空軍基地
海軍コンピューター・通信基地フィネガヤン地区
ハガッニャ（グアム政府）
アンダーセン空軍基地南部
海軍コンピューター・通信基地バリガダ地区
海軍弾薬庫
グアム海軍基地・アブラ港

味を持つのか？ アメリカ政府は、この海兵隊のグアム移転の問題を「沖縄の負担軽減のため」として説明するのであるが、そして実際にこれが沖縄の負担軽減の意味を持つことは明らかだが、しかし、私たちが見ておかねばならないのは、この海兵隊のグアム移転問題は、アメリカのアジア太平洋戦略の大再編の中で起こっている問題であり、アメリカの自らの戦略転換の中で起こっている事態であるということだ。

この戦略転換は、米軍において「世界的国防態勢の見直し」(Global Defense Posture Review GPR)と言われるもので、2001年のQDRで決定された米軍の世界的トランスフォーメーション(再編)の一環である。そして、この「01QDR」による世界的見直しを9・11事件が加速し、これは2006年のQDRにおいても強調されることになる(後述)。

米軍の世界的再編の内容を一言付け加えれば、「テロ、ゲリラ、ミサイル、大量破壊兵器、サイバー攻撃、宇宙戦争など21世紀型の脅威シナリオに対応するための大転換」とされ、アメリカのハイテク情報技術(IT)の圧倒的優位を踏まえた、いわゆる「軍事における革命」(RMA)をめざすというものだ。そしてこれは、単に装備・技術の変化だけでなく、戦争のあり方、軍事組織の形態を根本的に変えて行くというものである。

この米軍再編において、世界的な配置の見直し(GPR)の一環としてグアム基地の再編強化が謳われており、それは日本、イギリス、ディエゴ・ガルシアと並ぶ米軍の戦略展開拠点(P

PH）としてグアムを位置付ける、対アジア戦略の一大拠点としてグアムを位置付けるというものだ。

では、この海兵隊の移転が予定されるグアムとは、どのようなところなのか。グアムには、どういう部隊が移転するのか。グアムといえば、記憶に残るのは1970年前後、B-52爆撃機のベトナム戦争への出撃基地として記憶される米軍の一大基地だ。

これについては、2006年7月、米太平洋軍が作成した「グアム統合軍事開発計画」（GIMDP）の存在が最近、明らかになっている。最近明らかになっているというのは、政府・防衛省などが隠蔽する中で、宜野湾市と伊波洋一市長がその存在を執念を持って明らかにしたからだ（09年11月、国会内集会での伊波洋一市長の報告、宜野湾市のサイトに転載）。

この「グアム統合軍事開発計画」は、まずグアムを以下のように、地政学的に位置づけている。「グアムは太平洋とフィリピン海の境界に戦略的に位置し、アジアの最も重要ないくつかの地域と至近距離にある。マニラ、フィリピンから東に1600マイル、日本の東京から南に1560マイル、ハワイのホノルルから西に3800マイルの位置にある。グアムは西太平洋に展開する米太平洋軍の非常に重要な後方支援と通信基地がある。1950年に米国連邦議会は基本法（Organic Act）を制定し、グアムは米国の自治属領になり、グアム原住民のチャモロ人は米国民になった。1972年には初の選出連邦議員を議会に送っている。

グアムはマリアナ諸島の最南端に位置する最大の島である。……グアム島全体の面積は、おおよそ212平方マイル。グアム島の全長は30マイル、その幅は北部が約8・5マイル、中央部で4マイル、そして南部が11・5マイルである」

この「開発計画」を別の角度から追加して整理すると、以下のようになる。

グアムの戦略的位置は、中国から3000キロ、平壌から3400キロ、台北まで2740キロに位置する。ここグアムは、米国領・準州であり、島には米軍のアンダーセン空軍基地という航空基地が存在する（滑走路は3410メートル＋3220メートルの2本）。そして、この空軍基地の他には、2004年までに攻撃型原潜の母港（3隻配備）がなされている。

米軍の文書では、グアムをアジア太平洋地域への「東の玄関口」と位置付けている。まさに、沖縄―日本、ディエゴ・ガルシアなど並ぶアメリカの「戦略展開拠点」として位置付け、強化しようというわけである。特に、米軍はここに空軍・海軍の大規模基地を建設する計画があるばかりか、その空軍基地には、B‐2戦略爆撃機（ステルス）・F‐22戦闘機・無人偵察機（プレデター）を配備する計画である。

海兵ヘリの移転を記す「グアム統合軍事開発計画」

さて、重要なのは、その「グアム統合軍事開発計画」で計画されている海兵隊のグアム移転の内容だ。

この文書は、まず、グアムの米軍増強は、太平洋軍が主導する「統合的・地球的規模のプレゼンスと基地設置戦略（ＩＧＰＢＳ）」の中核であるとし、「米軍海兵遠征軍の構成要素と同軍司令部をグアムへ移転」するとして、海兵遠征軍部隊移転の優先順位を以下のように記載する。

優先順位１　**地上戦闘部隊ＵＤＰ　歩兵大隊**および支援部隊

２　地上戦闘部隊司令部及び残りの支援部隊と、地上戦闘部隊が必要とする後方支援部隊の一部

３　**航空戦闘部隊**と残りの後方支援部隊

４　海兵遠征軍司令部隊

（注　ＵＤＰとは部隊配備計画のこと。）

みてのとおり、この文書は、まず「米軍海兵遠征軍の構成要素と同軍司令部をグアムへ移転」として、「米軍海兵遠征軍の構成要素」の移転を、司令部の前に記している。また、「優先順位」として、「地上戦闘部隊UDP　歩兵部隊」と、地上戦闘部隊を第1にあげていることだ。さらに、「航空戦闘部隊と云々」と第3に記載されているように、航空戦闘部隊の移転も対象になっているということだ。

周知のように、日米ロードマップでは、「約8000名の第3海兵機動展開部隊の要員と、その家族約9000名は、部隊の一体性を維持するような形で2014年までに沖縄からグアムに移転する。移転する部隊は、第3海兵機動展開部隊の指揮部隊、第3海兵師団司令部、第3海兵後方群（戦務支援群から改称）司令部、第1海兵航空団司令部及び第12海兵連隊司令部を含む」と合意されている。つまり、このロードマップでは、移転するのはほとんどが海兵隊「司令部要員」として発表されており、「地上戦闘部隊」「航空戦闘部隊」は含まれていないのだ。

そして、「グアム統合軍事開発計画」には、「1個海兵旅団編成計画」として、「旅団司令部2800人、地上部隊2900人、海兵兵站部隊1550人、航空部隊2400人の合計9650人の編成」、そして、「海兵隊地上戦闘部隊は、約350人の将校と約2550人の下士官から成る。そのうち、将校250人と下士官2200人は単身のUDPかPCSである」（PCSとは常駐部隊のこと）として、記載されている。

ここには明らかに、グアムへの海兵隊地上部隊、具体的には**海兵隊の「1個旅団の新編計画」**があると明記されている。しかし、新設される海兵隊部隊は、沖縄から移転してくるものなのか、新たに新設されるものなのか、これについては「グアム統合軍事開発計画」は何も触れてはいない。しかし、米太平洋軍―太平洋海兵隊の再編配置の中で、沖縄に替わる前方展開拠点として、グアムが新たに位置付けられたことは明らかだ。

この「グアム統合軍事開発計画」で、宜野湾市が指摘するもう一つの問題が、普天間飛行場の「海兵隊ヘリ部隊」のグアム移転の問題である。

この計画には、「**海兵隊航空戦闘機能**は、将校約250人、下士官約2150人で構成される。うち将校100人、下士官1300人は単身の派遣兵（UDP）か配備兵（PCS）である」「海兵航空部隊とともに移転してくる**最大67機の回転翼機**と9機の特別作戦機CV-22航空機用格納庫の建設」と記載されている。

先に述べたが、「グアム統合軍事開発計画」では「海兵遠征軍部隊移転の優先順位」として、地上戦闘部隊とともに海兵隊の「航空戦闘部隊」も記載されており、ヘリ部隊の「司令部機能」とは限っていない。そして、ここに記載された「最大67機の回転翼機」だ。これは、明らかに普天間飛行場のヘリ部隊ではないのか。

だが、この「グアム統合軍事開発計画」の、海兵隊地上部隊や航空部隊のグアム移転の記述について、メア前米国沖縄総領事は、宜野湾市の照会に対して「紙切れに過ぎない」といい、防衛省では、「単なる計画に過ぎない」という。しかし、これは米太平洋軍が作成した、具体的なグアム基地の強化計画であり、まぎれもない沖縄海兵隊の移転計画である。これは、時期からしても日米ロードマップが合意された直後であり、米軍・米太平洋軍が、アジア太平洋戦略の転換を睨んでつくりあげた計画というべきだ。

もう一つの海兵隊グアム移転計画

「グアム統合軍事開発計画」による、海兵隊の地上戦闘部隊・ヘリ部隊のグアム移転を補強するもう一つの文書がある。２００８年9月15日に、米海軍長官から米下院軍事委員会議長に提出された「グアムにおける米軍計画の現状」という文書だ。

ここではまず、「今後グアムの米軍がさらに強化されることから、現在国防総省は、『グアム統合軍事マスター計画』を策定中である」として、グアムに移転する海兵隊の総数1万５５０人の配置を示している。その内訳は、**「地上戦闘要素２９００人、航空戦闘要素２４００人」**などとしている。つまり、「グアム統合軍事開発計画」が記す「地上戦闘部隊」「航空戦闘部隊」が、ここでもはっきりと記されているのだ。そしてこの双方とも、配置される兵員の数が完全に一致しているのだ。

これについて補足すると、同文書の「国防省の内訳」には、「司令部要素」とは異なる米軍普天間のいくつかの部隊名も記されている。すなわち、**「第18海兵航空管制群司令部（普天間）」「第4海兵航空管制中隊（普天間）」「第18海兵戦術航空管制中隊（普天間）」**である。

つまり、米軍普天間ヘリ部隊の、司令部要員ではない「航空管制要員」のグアム移転についても、はっきりと明記されているのだ。言うまでもないが、ヘリの管制要員がグアムへ移転してしまい、搭乗するパイロットやヘリだけが普天間飛行場に残るということはあり得ない。

さて、アメリカの文書の中で、以上の「グアム統合軍事開発計画」や海軍長官の文書以外にも、海兵隊戦闘部隊のグアム移転を示す文書が存在している。これは、宜野湾市が翻訳した米海軍の、**「沖縄からグアムおよび北マリアナ・ティニアンへの海兵隊移転の環境影響評価／海外環境影響評価書ドラフト」**（09年11月20日）という文書である（以下「海外環境影響評価書」と略す）。

この文書は、まず「海兵隊をグアムへ移転させることは、太平洋上の米国領土で最前方の配備地へ海兵隊を置くことである。グアムは海兵隊のプレゼンスを支援できる能力があり、沖縄と比較しても、活動の自由を最大限得られ、配備にかかる時間の増加を最小限に押さえることができる」と述べ、グアム移転の実用性について強調している。

そして、「第2章　軍事活動計画案とその他の選択肢」において、「グアムの海兵隊基地設置」

として、「活動計画案は、グアムに海兵隊作戦基地を設置するためのすべての必要な施設、訓練施設の建設及び当該施設の運用から成る。約8600人の海兵隊員とその家族が沖縄からグアムへ移転する」と記し、「以下の四つの要素の移転が予定されている」と述べる。この中には、「第3海兵遠征軍（MEF）の司令部要素」という議論のない部隊も含まれているが、すでに指摘してきた「地上戦闘要素」についても、明白に記されている。

すなわち、**「第3海兵師団部隊の地上戦闘要素**（GCE）。GCEは、敵の居場所を突き止め、射撃、機動作戦、接戦で敵を破壊する任務を与えられている。歩兵、装甲車両、迫撃砲、偵察、対戦車等の戦闘装備を提供する。師団司令部と傘下の組織から成る。地上戦闘及び戦闘支援組織は、射撃場や訓練地、伝統的な基地支援施設の近くに配置されることが求められる。予定隊員数、1100人」という。

これは明らかに、先の「グアム統合軍事開発計画」や海軍長官の文書で触れられている海兵隊の地上戦闘部隊である。しかし、この「海外環境影響評価書」では、はっきりと「第3海兵師団の……」と書かれており、明確に沖縄駐留の「海兵隊地上部隊」のグアム移転と断言していることだ。つまり、先の「グアム統合軍事開発計画」などでは、まだ明確にされていない沖縄駐留の海兵隊地上部隊の移転が明らかになっているということである。

そして、この「海外環境影響評価書」の他のところには、この海兵隊地上部隊の北マリアナ諸島・ティニアンでの訓練計画までが明記されている。すなわち、「ティニアンで計画されている訓練活動は、移転してくる海兵隊の個人から中隊レベルの維持訓練である。維持訓練とは、海兵隊の戦闘即応能力を維持する訓練である。ティニアンで行われる訓練は、グアムを拠点として駐留する海兵隊の戦闘即応能力を維持するために不可欠である。ティニアンで計画されている訓練施設は、グアムでは得られない訓練能力を提供し、大隊部隊上陸や大規模機動訓練などの戦術的シナリオ訓練を可能」と。みてのとおり、沖縄から移転する海兵地上部隊の訓練施設の問題点も、具体的に考慮されているということだ。

これらの文書で推定できるのは、沖縄駐留「第3海兵師団」の、戦闘部隊および兵員の一定のグアム移転が確実であるということだ。

さらに、宜野湾市が指摘するように、「海外環境影響評価書」にはまた、普天間飛行場の海兵航空団ヘリ部隊のグアム移転までもが、明記されている。同文書では、グアムに移転してくる「訓練と航空部隊」の項目の、「計画案で投入される航空機と乗員」として、「回転翼機MV-22（12機）・UH-1（3機）・AH-1（6機）・CH-53E（4機）・固定翼機KC-130（2機）・F／A-18（24機）、F-4（4～6機・同盟国軍）」などと記されている。この中のF／A-18ホーネット、AH-1Wスーパーコブラなどが、普天間の第1海兵航空団に所属している。

これらのいくつかの文書の全体を通してみると、沖縄駐留海兵隊のグアム移転は、相当な規模で予定されているということであり、グアム移転後の海兵隊の沖縄駐留は、ほとんど「形式的」なものではないかということだ。つまり、海兵隊部隊の実質、戦闘部隊を含む本隊は、基本的にグアムへ移転する、というものではないかということである。

（注　沖縄県が発表している08年9月末の在沖海兵隊の兵員数は、1万2402人である。このうち、例のロードマップでは、約8000人の兵員がグアムへ移転の予定である。となると、残りは単純計算でも約4400人しか残留しないことになる。）

しかし、アメリカは、たとえ象徴的なものであろうと、海兵隊の沖縄駐留に固執している。それは、先の「思いやり予算」に加え、この沖縄海兵隊の存在意義が喪失しつつある情勢の中での、「新たな脅威」の問題である。

これが米国防総省の、2006年2月発表のQDR（「4年ごとの国防計画の見直し」）による、新たなアジア太平洋重視戦略であり、この戦略のもとでのアジア太平洋地域への米軍の重点配置の決定だ。だが、米国防総省の06年のQDR（以下「06QDR」と略す）によるアジア太平洋重視戦略（中国脅威論）は、この海兵隊の存在の喪失という状況においては、ためにする論としかいいようがない。

第5章　アメリカのアジア太平洋戦略と日米安保

06ＱＤＲとは

ＱＤＲとは、米国防総省が戦略の変更やその兵力の編制・配置などの見直しについて、20年先までを視野にまとめる中長期的戦略文書である。これは4年ごとの議会提出が法律で定められている。

「4年ごとの見直し」というのであるから、ここで検討する２００６年策定ＱＤＲのそれ以前の発表は、２００２年となるはずだが、この２００６年のＱＤＲ（以下「06ＱＤＲ」という）自体の発表が1年ほど遅れたので（２００６年2月3日）、その前のＱＤＲの発表は２００１年だ。これは、先に述べたように「不安定の弧」などの地域紛争脅威論を、全面的に提唱したものである。そして、06ＱＤＲの後が今年、２０１０年2月1日に発表されたＱＤＲ（以下「10ＱＤＲ」という）である。

この章では、特に06ＱＤＲを中心に検討するが、その理由はすでに述べてきた04大綱や05安保再編の基礎、つまり、この２００４～２００５年にかけて、自衛隊の大改編、日米安保体制の大再編の基本方針のもとになっていたのが、この06ＱＤＲであるということだ。この内容はこれからみれば明らかだが、06ＱＤＲの発表の遅れ自身が、04大綱と05安保再編との「調整」であったことも推測されている。

そして、この06ＱＤＲを詳しく検討する理由のもう一つは、前章で述べてきた沖縄駐留海兵隊の問題―アメリカのアジア太平洋重視戦略の問題との関連である。06ＱＤＲでは、まさに米海兵隊の位置付け、米太平洋軍の位置付けが新たになされている。また、このブッシュ政権下のアジア太平洋戦略は、オバマ政権になっても基本的に変更がないことは、本年発表のＱＤＲをみれば明らかである。

「長い戦争」になる対テロ戦

さて、06ＱＤＲは、冒頭に対テロ戦が「長い戦争」になることを表明している。これは、アメリカが９・11事件後、はじめて対テロ戦争が長期の戦争になることを公式に認めたものとして、当時話題になった。イラク戦争はもとより、その２年前に開始されたアフガン戦争においても、戦争が10年近く経過してもその終わりが見えることはなく、まさに、この対テロ戦争が「長い戦争」になることを、アメリカはしぶしぶ承認せざるを得ない。

ただ、ここで一言、「長い戦争論」に対して論評しておくならば、対テロ戦争が長い戦争になることは、アメリカの産軍複合体にとって望ましいことということだ。なぜなら、それは戦後の長く続いた冷戦と同様、絶えざる軍需産業と軍隊の拡大再生産を行ってくれるからである。

このような認識の上に06QDRは、21世紀の課題は「大規模通常型戦闘作戦」から「複合的な非正規型・非対称型の作戦」への転換であるとし、「非対称型戦争」を強調する内容となっている。しかし、06QDRが強調するのは、このような対テロ戦への対処である「非対称型戦争」だけではない。続いてQDRが取り上げるのが、「米国の質的優位を維持する能力」と、「**戦力投射能力に対する混乱型の脅威**」に対処するというものだ。前者のいうところは分かるが、後者はほとんど意味不明である。

この軍事用語を少し解説すると、「戦力投射」(Power Projection)とは、軍事力を準備、輸送、展開して軍事作戦を遂行することだ。国語的に言えば、軍事力を海外へ「投げかける能力」、戦力投入する能力、つまり、「戦力投射能力」をともなってこそ、軍事力の本当の戦略的展開能力といえる。したがって、軍隊は武器などの装備を強化するだけでは、本当の戦力にはならず、それを目標地点に展開する輸送力・機動力をともなってこそ本当の戦力となる。

先の06ＱＤＲの文言は、「戦力投射能力に対する混乱型の脅威」への対処である。つまり、そのような戦略目標に対して機動展開できる能力を発揮する戦力（脅威）とは、いうまでもなく中国軍を指している。

このような、今後の戦争の予測のもとに06ＱＤＲは、「戦略運用の四つの重点事項・分野」をあげる。その第1は、「テロネットワークを打ち破ること」であり、第2は、「縦深性のある本土防衛を行うこと」であり、第3は、**「戦略的岐路にある国家の選択肢を形成すること」**であり、第4が「敵対的な国及び非国家主体による大量破壊兵器の獲得又は使用を阻止すること」となっている。

「重点事項・分野」の第1の「テロネットワーク」の問題は、すでに非対称型戦争への対処として述べているが、第2の「縦深性のある本土防衛」は、9・11事件後初めてＱＤＲに出てきた政策だ（06ＱＤＲは、9・11事件後初めての策定）。つまり、9・11事件以前のアメリカは、本土防衛をほとんど考慮する必要はなかったのだが、この事件以後、米本土防衛に戦力を割くようになった。第3の「戦略的岐路云々」という抽象的表現は、説明を要するし、このＱＤＲのもっとも重要な個所なので後述するが、第4の「大量破壊兵器」は、イランや北朝鮮を睨んでの重点事項であることは明らかだ。

イラクで攻撃され破壊された米軍車両

このような四つの重点事項の確認にもとづきQDRは、具体的な米軍の戦力再編―「戦力構成概念を見直す決定」を行う。これは、一つは「複数の重複する戦争を遂行する能力が必要」、つまり、中東とアジアの二つの大規模地域紛争対処への同時対処戦略であり、二つ目がこの大規模地域紛争に適合しない「非国家主体のテロリストを抑止するための状況適応型抑止能力」である。これがいうところの2と2分の1戦略である。

重要なのは、こうした戦略の遂行のために、06QDRは「共通の脅威に対処するための同盟の強化」を強調する。つまり、日本などの同盟国に、新たな脅威論を「共通の脅威」として押し付けるわけであるが、これらが04大綱・05安保再編に反映され、合意されたことはすでに述べてきた。

アジア太平洋シフトへの米軍再編

こうした重点事項・分野の確認にもとづき、06QDRは、具体的な2007年度からはじまる重要計画の決定を行う。それは、まとめると以下のような内容である。

・特殊部隊人員の15％増員・特殊部隊数を33％増加。海兵隊特殊作戦コマンド（MARSOC）を設立する。
・心理戦及び民生部門担当部隊の33％の増強。
・陸軍の非正規戦などの作戦のため、旅団戦闘チーム（BCT）へ再編、モジュール化された旅団の創設、無人偵察機の利用。
・空軍の無人偵察機飛行大隊の強化。
・弾道ミサイル潜水艦の通常型への改装。
・本土防衛及び本土安全保障の強化のため、本格的な軍民共同演習の強化などの措置。
・**太平洋に持続的に作戦可能な空母群の少なくとも6個空母群（11個空母打撃群のうち）を配備、潜水艦戦力の60％を配備。**

・統合陸上能力・統合海上能力・統合航空能力などの強化―太平洋でのプレゼンスの増強統合機動力の強化。

ここでは、一つは対テロ戦、非対称型戦争のための特殊部隊・心理戦部隊の増強が強調されている。確かに、特殊部隊の兵員・部隊の増強や無人偵察機の利用・強化は、それらの戦争に備えるためであろう。だが、特にこの07年度からの重要計画で決定されたのは、米軍のアジア太平洋地域へのシフト、重点配置である。

みてのとおり、米軍全体の戦力の中で、空母打撃群の半数以上、潜水艦の6割が太平洋に配備されるのだ。では一体、このアジア太平洋重視戦略にもとづき、米海軍部隊はどこに配備されるのか？　沖縄―日本への再配備・再強化も、ないとはいえない。しかし、この計画ですでに予定されている配備先は、グアム島である。

つまり、06QDRによるアジア太平洋重視戦略は、先に見てきた米太平洋軍のグアム強化と一体的に推進されているということだ。そして、ここで計画された太平洋への空母・潜水艦の増強は、すでに、グアム島の南西部に位置するアプラ海軍基地の強化として行われているのである（「グアム統合軍事開発計画」による）。

さて、この06QDRがいう、アジア太平洋重視戦略・米軍のアジア太平洋地域へのシフトとは、一体何を目的にしているのか。いまなぜ米軍は、アジア太平洋地域に重点配置をしようとしているのか。この情勢認識の問題が、06QDRの核心的内容である。

対中抑止戦略を強調する06QDR

先に見てきたが、06QDRは、「戦略運用の四つの重点事項・分野」の第3に、「戦略的岐路にある国家の選択肢を形成すること」という文言を記している。これこそまさしく、06QDRの情勢認識の核心であり、このQDRによる戦略転換の内容である。

ここには具体的に、**「主要大国及び台頭してきている大国が敵対的な道を選択することに備える」**とし、その主要大国のうち、中国を名指しし、「**中国は軍事的に米国と競争関係になり、対応策を採らねば通常兵器における米国の優位を相殺しかねない**……潜在的能力が最も大きい」と、中国への対抗をことさら強調する。

また、「**中国は、軍事力、特に国境を越えてパワープロジェクション能力の向上に資する戦略兵器に重点的に投資**」とし、中国軍の「沿岸以遠」への「戦力投入能力」を問題にし、中国軍が「地域の安定を脅かす能力を獲得することを思いとどまらせ、戦争を抑止し、万が一抑止が失敗した場合に侵略を打倒するために駐留態勢のさらなる多様化に努める」というのであ

米海軍・横須賀基地のイージス艦

る。

　そして、このためには、「国防省の『世界規模の軍事態勢の見直し』に基づき、敵の攻撃計画を困難にする能力を開発する」という（すでに紹介したGPR）。

　この能力には、常続監視、長射程攻撃、ステルス、戦略的距離における空・海・陸部隊の作戦機動力、航空優勢、水中戦という重要な戦略、作戦分野における米国の優位性を確保する投資などと、具体的に明記されている。ここでいう、「戦略的距離における空・海・陸部隊の作戦機動力」という意味深い表現は、海兵隊司令部のグアム移転や、第7艦隊の一部空母のグアム配置を指すことは明らかだ。

　06QDRのこの個所を言い換えると、中

国軍がその沿岸防衛を越える戦力投入能力を獲得し、**第7艦隊の空母打撃群はもとより、「沖縄米軍基地も無力化」される段階**が来ており、これに対応するためには、「戦略的距離」（中国沿岸からグアムまでは約3000キロで、中国軍の通常型弾道ミサイルの射程外の距離）での作戦機動力が必要になり、その拠点（グアム）が必要である、ということである。

第7艦隊と沖縄米軍基地の無力化

この06QDRとともに、中国軍への対処戦略を詳しく掲載しているのが、米国防総省が毎年発表する『中国の軍事力』（09年3月25日、米国議会提出）である。

次に、06QDRのいう「中国脅威論」について、『中国の軍事力2009』（「国際情報センター発行」）は、どのように表現しているのか、検討してみよう。

「2000年以来、中国は国境を越えて、また西太平洋にますます信頼性のある多階層よりなる攻撃能力の存在と投射を実現し、接近阻止／地域拒否兵器庫を拡大した。中国は次の能力を持っているか、取得しつつある。①静かな潜水艦、先進的な対艦巡航・弾道ミサイルなどを通じて、**空母を含む大型水上艦を危険にさらすこと**。②長い射程で正確な通常兵器搭載弾道ミサイル・対地攻撃巡航ミサイルを通じて、**敵による陸上での飛行場の使用を拒否**、③（略）」

アメリカは、「静かな潜水艦、先進的な対艦巡航・弾道ミサイル」という中国軍の装備が、「空母を含む大型水上艦」に対して「脅威」であり、「通常兵器搭載弾道ミサイル」なども、「陸上の飛行場」の「脅威」であることを強調しているが、これは米第7艦隊といえども、もはや、「安全」にアジア太平洋地域を遊弋できないという危機感を表しているといえよう。

そして、もう一つの問題は、「陸上での飛行場の使用を拒否」という表現である。これは間違いなく沖縄米軍基地、とりわけ嘉手納・普天間の両飛行場のことをいうのは明らかだ。だとするなら、沖縄海兵隊のグアム移転は、米軍のアジア太平洋戦略の見直しからは、必至だといえるのではないか。

そして、『中国の軍事力』は、他方で中国が、「中規模の敵国を打破しうる近代的な兵力を保有するには、２０００年から２０１０年の終わり」と推定するとともに、「２０２０年まで中国から離れた地点において大規模な軍事力を派遣し、戦闘を維持することはできない」とまでいうのである。

つまり、アメリカは、中国が長期的にはともかく短期的には「脅威」とは見ていないのであるから、何ら問題はないように見える。だが、アメリカが恐れるのは、「台湾海峡有事対処」の問題だ。

これについては、『中国の軍事力』は、「中国は、台湾海峡危機において第三国が介入するのを抑止し、対抗する措置に重点」をおき、「対処方針は、西太平洋で第三国の軍隊の配備の接近阻止、軍事行動を取ることに対する地域拒否」と記している。つまり、ここでいう「西太平洋で第三国の軍隊の配備の接近阻止」「地域拒否」ということこそ、まさに台湾海峡への米第7艦隊の接近拒否ということであり、第7艦隊をはじめとする太平洋艦隊の無力化を恐れる米軍の、危機感・焦燥感でしかないということだ。

中国軍の「沿岸防衛作戦」

さて、こうして『中国の軍事力』が具体的に強調するのが、中国軍の「沿岸防衛作戦」「海洋防衛作戦」ということだ。中国軍の沿岸防衛・海洋防衛作戦とは、どういうものか。

これは、中国軍の、いわゆる**「第1列島線」「第2列島線」の防衛**という問題だ（09年10月2日付朝日新聞は、朝刊の「Ｇｌｏｂｅ」記事の中に「**中国、海軍大国への胎動**」と題して、この第1列島線などを4頁全面にわたって掲載。これはまぎれもなく、「中国脅威論」の扇動である）。

では、米国防総省報告が指摘する、中国軍の「第1列島線」「第2列島線」について、『中国の軍事力２００９』を参考に検討しよう。

この第1列島線とは、日本列島―琉球諸島―台湾―フィリピン諸島―カリマンタン（ボルネ

＜第１列島線・第２列島線＞
＜第２列島線＞
＜第１列島線＞

オ島）─ベトナム沖に至るラインである。また、第2列島線とは、日本列島─小笠原諸島─マリアナ諸島─グアム─パプアニューギニア西北部へ至るラインのことである（地図参照）。

そして米国防総省によると、中国軍は当面、この第1列島線の防衛（沿岸防衛作戦）を採っているが、近い将来、第2列島線の防衛（海洋防衛作戦）に乗り出してくる、とする。

これはまた、台湾海峡の「中国の接近阻止・地域拒否戦力の構造」として、「地域拒否能力は、（中国軍の）機雷・潜水艦・海洋攻撃機・対艦巡航ミサイルなど」であるとし、「第2列島線に至る範囲で水上艦を複数の攻撃力で脅かすことを目指す」というのだ。

ところで、米国防総省が指摘する、この「列島線」という問題について、確かに、中国軍はこのラインを設定しているであろう。しかし、ここでいう「列島線」とは、実際は中国軍にとってというよりも、日米軍隊により必要なものといえるのではないのか。

現実に、2004年11月10日に起きた、中国潜水艦の「領海侵犯事件」は、この「列島線防衛」が実現していることを示した事件でもあった。中国海軍の原子力潜水艦は、北海艦隊青島海軍基地を出航後から、常時日米軍に監視・追尾され、グアムを廻って石垣島を通過し、青島に向かって潜航し寄港しつつあるところ、石垣島周辺海域で自衛隊に「領海侵犯」を警告された。そして日本政府は、海上自衛隊創設以来2度目になる「海上警備行動」を発令したのである。

つまり、ここに明らかなのは、中国原潜が青島から出港し、「第1列島線」を通過し、グアム回遊から再び「第1列島線」を通過するまで、この間のすべての行動が日米軍の監視ラインに補足されていたということだ。ここで明確になったのは、「中国軍の第1列島線・第2列島線」というのは、この列島線の中に中国の潜水艦（および中国海軍艦隊）を封じ込める、日米軍の「列島線」であるということだ。

言い換えると、この列島線という海洋防衛線の設定は、日米両軍による中国海軍の北海艦隊（司令部・青島）・東海艦隊（司令部・上海）・南海艦隊（司令部・湛江）の、その沿岸地域への「封じ込め戦略」であるといえよう。

「三海峡防衛論」と中国「列島線防衛論」

ところで、このような対中抑止戦略にもとづく「沿岸防衛作戦」や「第1列島線」などの文言を聞くと、1980年代の鈴木政権や中曽根政権下で唱えられた、「シーレーン防衛論」「日本列島不沈空母論」「三海峡防衛論」などの記憶が喚起される。

この時代の、米レーガン政権（当時）と自民党政権との間で唱えられ、実行された日米安保態勢―日米共同作戦の強化は、ソ連脅威論にもとづく対ソ抑止戦略の一環であり、その戦略は、旧ソ連軍の核搭載原潜・極東ソ連艦隊をオホーツク海に「封じ込める」ことにあった。その「封じ込め」戦略においては、自衛隊が日本列島の三海峡（千島海峡を含め四海峡）を封鎖し、ソ連原潜・艦隊の太平洋への出口を実力封鎖する態勢が形成されたのである。

そして、この対ソ抑止戦略の形成による日米軍の一体化、すなわち、米軍による自衛隊の対ソ戦略への動員が、自衛隊、とりわけ海自を第7艦隊の補完戦力として再編することであった。これは、海自の対潜哨戒機P－3C100機保有態勢という、極めて変則的な海自戦力を生じさせることになった（この海自のP－3C保有数は異常であった。外国軍では米海軍でさえ200機しか保有していない）。

また、このような自衛隊の対ソ抑止戦略への補完的動員は、他方で1980年代の自衛隊の極度の増強・強化となって実現した。アメリカの対日軍事力増強要求にもとづく軍拡は、日本の軍事費のGDP1%枠突破をなし、「世界第2位の軍事費大国」といわれるまでになったが、同時に自衛隊の総合戦力も、文字通りの軍事大国の水準に到達しつつあった。

さて、この時代の「シーレーン防衛論・三海峡防衛論」について、最近、元高級外務官僚で現防衛大教授である孫崎享が、『日米同盟の正体』（講談社）という書籍を出版している。余談であるがこれを参考に、この問題を検討してみよう。というのは、これは当時の対ソ抑止戦略と今日の対中抑止戦略を考える上でも、大変重要な問題であるからだ。

まず、当時の「シーレーン防衛論」について少し説明しよう。これは1981年、鈴木首相

沖縄米軍に配備されたパトリオット（左上がＰＡＣ２・左下がＰＡＣ３）

が米国を訪問し、ナショナル・プレス・クラブの演説で、「1000カイリのシーレーン防衛構想」として発表したことに始まる。これは、グアム―東京および台湾海峡―大阪を結ぶ2本のシーレーン（海上交通路）の確立が喧伝されたが、この「シーレーン防衛論」は軍事知識というよりも、あまりにも一般常識を欠いた戦略であるというのは、明らかであった。

というのは、あのアジア太平洋戦争で約1千万トン近い軍艦や輸送船を撃沈され、最後には「石油の一滴は血の一滴」といわれ、軍隊の燃料ばかりか、工業製品の原料や民衆のその日の食料すべてに事欠く有り様となったのは、敗戦に至るまでに日本の「アジア太平洋地域のシーレーン」が完全に崩壊したからであった（『日本軍事史・上巻』藤原彰著、社会批評社刊）。

言うまでもないが、当時の日本の狭い「アジア太平洋地域経済」のシーレーンでさえ守りきれなかったものが、いまや世界第2位の経済大国として、世界中にはり巡らされた日本の貿易網・海上交通網を守りきれるわけがない。1980年当時は、中東からの石油の輸送ルートを防衛するために、グアム―台湾までのシーレーンを日本が防衛する、その先は米軍に守ってもらうという「話」であったが、石油ルートの防衛はもとより、その他の貿易関係の船舶の防衛など、まさに荒唐無稽としかいいようがないものであった。

つまり、あのアジア太平洋戦争の、シーレーン防衛の崩壊からもたらされた結論は、「貿易立国」である日本はもとより、世界中の「先進国」(あるいは中進国)のすべては、世界の海洋環境が平和でない限り存在しきれない、ということだ。いわば、本来「世界平和」なしに世界経済は成立しないということを、シーレーン問題は示しているとも言える。

さて、問題はここでいう「シーレーン防衛」を、当時の政府や防衛・外務官僚がどのように考えていたのか、ということだ。孫崎はその著書で、当時の鈴木首相も外務官僚も含めて、日本政府の誰もが「シーレーン防衛」の本当の意味を理解していなかったことを記している。つまり、「日本は経済問題の利害に敏感で、日本経済は石油に依存している。これを利用し、このルートがソ連の潜水艦によって攻撃される危険性を強調する。これによって日本に潜水艦攻撃能力を持たせる。日本向けには南のシーレーン確保のためという。しかし、実際は北のオホーツク海を想定すればいい」(同書)というものだ。

孫崎は同書で、当時、米国家安保障会議の東アジア担当大統領補佐官であったマイケル・グリーンの論文をも引用している。

グリーンによれば、アメリカは当時、ソ連がオホーツク海を要塞化していることに懸念を強め、日本に焦点を当て役割と任務を割り当てることにし、その好機が81年5月の鈴木首相の訪米であった。ここで鈴木は1000カイリの「シーレーンの防衛」を宣言した。この距離はオホーツクのソ連海軍力を封じ込めるのに充分であったが、鈴木自身は、自分の言った言葉の意味(シーレーン防衛)を充分に咀嚼していなかった、これは欧州でのソ連の攻勢に対応するために、オホーツク海のソ連潜水艦を攻撃することを意味していた、と。

驚くほど率直な解説である。日本の国民だけでなく、政府・官僚もだまされていたのだ。というより、情けないほどの無知としかいいようがない。しかし、驚くべきは、だまされていたのは「軍事オンチ」の政府・官僚だけではなかったということだ。孫崎はさらに、当時の海上幕僚監部防衛課長であり、その後、統合幕僚会議議長を歴任した佐久間一の最近の言説を引用する。

それによれば、佐久間は、「自分たちの関心は緊急時にどれくらいの石油を確保する必要があるかであった。1000カイリだと北緯15度ライン、パラオ付近である。これを日本が確保し、それ以遠は米国が確保ということになる」（佐久間一元統合幕僚会議議長のオーラル・ヒストリー2007年）というのである。

文字通り、当時の海上自衛隊の防衛政策の責任者であり、「軍事専門家」でもある元海上幕僚長・元統合幕僚会議議長にしてからが、これである。これを読んだ誰もが、この人たちが敗戦の現実をまったく何も見ていないこと、まったく何も考えていないことに、ほとほと呆れられるのではないか。

さて、今まで、1980年代の日本の対ソ戦略、日米の対ソ抑止戦略を見てきたのは、先の対中抑止戦略にもとづく、日米の「第1列島線防衛論」「沿岸防衛論」を検討するためである。ここで明らかなのは、ソ連脅威論にもとづく対ソ封じ込め戦略—「シーレーン防衛・三海峡防衛」が、そのまま中国脅威論にもとづく、対中封じ込め戦略として適用されていることだ。結論づければ、まさに第1列島線・第2列島線の防衛論というのは、日米による「中国の封じ込め」戦略であるということだ。

そして、あの「シーレーン防衛」「三海峡防衛論」は、それに留まることはなかった。というのは、三海峡を封鎖される旧ソ連軍は、それを打開するために三海峡の一部に軍事的橋頭堡を築いて突破しようとするからだ。この旧ソ連軍への対抗行動として、自衛隊の北海道沿岸部などでの「着上陸戦闘」（対機甲戦）は想定されていたのだ。

だから、今日の日米軍もまた、中国軍の南西諸島（先島諸島）の一部の占拠（海上突破のための橋頭堡）を想定し、南西諸島への「着上陸戦闘」や「上陸作戦」の訓練・演習を開始したということである。

こうして、80年代と同様、またもや「南西諸島が海上交通路の要衝」（シーレーン）という虚言が使われ始めている。このような虚言・虚構を存在せしめてはならない。そのためには、「脅威論」という虚構を吹き飛ばす、事実にもとづく論理が必要である。

オバマ政権の10QDRの発表

ところで、オバマ政権は今年（10年2月1日）、政権発足後初めてのQDRを発表した。このQDRは、オバマ政権がブッシュ政権に替わってどういう国防政策・アジア太平洋政策を打ちだすのか、非常に注目されていたが、残念ながらほとんど前政権と変わらない政策であることが明らかになっている。このオバマ政権の、10QDRを少し検討してみよう。

まず、10QDRは、米国国防における優先目標として、①アフガニスタンとイラクでの今日の戦争に勝利　②紛争の予防・抑止　③幅広い緊急事態への備え　④志願兵体制の維持・強化の4点をあげている。

そして、10QDRは「台頭する中国とインドが『容易には定義できない国際秩序を形成し続ける』と分析し、敵対的な国の攻撃を抑えて安定を保つため、主要な同盟国などの依存が増える」としている。

また、10QDRは、多くの部分に中国への記述を割いているというが、その中国については「潜水艦、宇宙空間やサイバー空間での攻撃能力といった具体的な脅威」をあげ、「急速に軍事力を増強しながらも透明性が低いため『将来的な意図には多くの疑問符がつく』」と、中国の軍事力増強に警戒感を強める内容になっているという。

さらに、「戦略環境の変化として、安全保障上重要な地域へのアクセスが妨害され、前方展開部隊の抑止力が低下するすることを懸念し、アクセスを拒む能力として、中国の弾道ミサイルや新型攻撃型潜水艦の配備などをあげている」ともいう。

みてのとおり、ほとんどが06QDRで発表されているものと変わりない内容だ。中国脅威論にしても、中国軍の戦力の把握についてもまったく変わっていない。ただ一つ変わったのは、ゲーツ米国防長官が10QDRの発表時に行った、「二つの大規模な地域紛争への同時対処を主眼とする従来の『二正面作戦』は時代遅れ」という、例の2と2分の1戦略の変更だけである。

それにしても、この10QDRに先立って発表された米国の2011年度国防予算は、とてつもない巨額に膨張し始めている。2011年会計年度（10年10月~11年9月）の国防予算案は、７０８０億ドル（約64兆円）という過去最大規模のものだ。このうち、イラクやアフガン戦費は１５９０億ドルであり、これとは別に昨年決定した３万人のアフガン増派に必要な経費３３０億ドルをも、この補正予算に要求しているという。世界の軍事費は、おおよそ１兆４０００億ドル（09年）というから、アメリカはおよそその半分を消費するという、おそるべき戦争国家、それも常態化した戦争国家に成り果ててしまったのだ。

第6章　新たな反安保論の形成に向かって

小沢一郎の「国連安保論」

今年は、1960年の日米安保条約改定から50年目を迎える。この歴史的節目の時期に、安保論議がようやくメディアで始まっている。安保改定50年目にして、さまざまな安保体制をめぐる議論、それも普天間問題のように実践的議論が始まるということは、非常に重要なことだ。とりわけ、いま沖縄から米軍基地の在り方を根本から突きつけられている中では、この日米安保の議論を早急に深めなくてはならない。

さて、この日米安保論議において最初に検討すべきは、民主党幹事長・小沢一郎の日米安保論である。最近の小沢一郎は、それほど公然と日米安保論を述べてはいないが、鳩山民主党の日米安保政策は、明らかにこの小沢一郎の日米安保論に、大きく影響されているのは間違いない。

小沢一郎の日米安保論が最初に出されたのは、周知のように、1993年の『日本改造計画』（講談社刊）という著書だ。当時の小沢一郎は、新進党（当時）の責任者であり、細川政権・羽田政権と続く、非自民政権の立役者という存在であった。その小沢一郎が、従来の自民党の安保政策ではない、彼独自の安保論を唱えたのであるから、その影響は計り知れない。

『日本改造計画』による小沢一郎の主張は、まず、「普通の国になれ」というシンプルな文言で有名である。あまり説明を要しないが、これは欧米の先進的大国と同様、「普通に海外派兵を行う国家になれ」、つまり、経済大国は当然、政治・軍事大国となる、というものとして提起されている。しかし、小沢一郎の主張が特に反響を呼んだのは、これを冷戦終焉後の「国連安保」政策として打ちだしたからだ。小沢一郎は、これを「受動的な専守防衛戦略」から「能動的な平和創出戦略」へ、そして、「自衛隊を国連に提供し国連待機軍」として活用することだという。しかし、この著書では、小沢一郎の主張はまだ鮮明ではない。

この主張がもう少し具体化するのは、翌94年3月に出された『世界に生きる安全保障』（戦略研究センター編）という著書からである。この戦略研究センターは、会長の小沢一郎のもとに自衛隊制服組のそうそうたるメンバー（竹田五郎元統合幕僚会議議長・永野茂門元陸幕長［参議院議員］らの、各幕僚長クラスのOB）が揃っており、このメンバーの影響力を背景に小沢一郎の提言はなされたのだ（この時期、制服組OBの最高幹部クラスだけでなく、自衛隊出身の国会議員のすべてが小沢派であった）。

これは、要約すれば「国際的安全保障に関する提言」として、①国連中心の集団的安保に参加、国家固有の集団的自衛権を行使する ②冷戦後の政策として、国際的安全保障に日本は参加する ③その参加形態は、１、国連軍 ２、多国籍軍 ３、ＰＫＦ ４、平和維持部隊などである ④日米安保体制を見直し、片務的条約を集団的自衛権を行使する双務的条約に改定する ⑤ＭＤ（ミサイル防衛）、発信基地を叩く反撃能力を長期的に整備する、というものだ。

見ての通り、『日本改造計画』では、「自衛隊を国連軍に提供、国連待機軍として活用」する、などという空論的な主張であったが、ここでは、一定の現実政策としてまとめられている。もっとも、「集団的自衛権行使」「日米安保の双務条約への改定」などというのは、自民党の右派と変わらない小沢一郎の国家主義的側面である。

しかし、この小沢一郎の主張で特徴的なのは、「国連中心の集団安保論」、それを小沢一郎は「国際的安全保障論」として取りあげていることである。そして、この国連中心の安全保障を媒介すれば、ＰＫＦ（国連平和維持軍）などの自衛隊の海外派兵もかまわない、いや積極的に行うべきだ、とするのが小沢一郎の安保防衛政策である。

言い換えれば、小沢一郎の日米安保論・安全保障論は、冷戦終焉後、アメリカの一極支配は終わり、現在、国連を軸にした国際的安全保障論を提起すべきときにあり、この「国連安保論」

こそが、日米安保体制に替わる安全保障政策の基本政策になるべきであるということだ。「国連安保論」はまた、アジア太平洋地域においては、国連とともにASEANをも活用した「アジア安保論」として主張される。

そして、小沢一郎の主張でもっとも重要なのは、この「国連安保論」「アジア安保論」の立場からは、つまり、国連の安全保障の立場に立つことにより、日本は集団的自衛権を含む武力行使を行うことができる、とするものである。これは、言い換えると形を変えた「自主防衛路線」「国家主義」の主張である。いわば、「自主防衛論」が、少しだけ装いを変えて現れたということだ。

アフガンISAFへの参加を主張

これらの小沢一郎の主張は、当時から現在までほとんど変わっていない。その小沢一郎が最近、主張しているのが、アフガンのISAF（国際治安部隊）への自衛隊の参加問題である。これは周知のように、2007年11月の月刊雑誌『世界』に掲載され、大変話題を呼んだ論文である。少し検討してみよう。

小沢一郎は、まず「今こそ国際安全保障の原則的確立を」と題するその論文で、先の「国連

米軍キャンプ・シュワブ

中心」を穏やかに述べる。

「……私は、国連中心主義と日米同盟は全く矛盾しない、むしろそれを両立させることによって日本の安全が保障されると主張しています。現実に、米国はもはや、一国で世界の平和維持、すなわち国際社会の警察官の役割を果たすことが不可能になっています。今日のアフガニスタンやイラクの実態は、その結果にほかなりません……本当に日本が米国の同盟国であるなら、米国にきちんと国際社会の重要な一員として振る舞うよう忠告すべきです。……私はずっと以前から、そのことを機会のあるたびに国民に言い続けてきました。特に湾岸戦争では、私はそれを強く主張しました」

ここでの「穏やかな主張」は、後述するが「国連安保論」に対するアメリカ側からの厳しい批判を経ていたからだ。だが、「国連安保と日米安保の両立」という姿勢は崩していない。また、「国連の集団的安全保障への参加」として、そのためには自衛隊の武力行使も是とするというのだ。

「国連の活動に積極的に参加することは、たとえそれが結果的に武力の行使を含むものであっても、何ら憲法に抵触しない、むしろ憲法の理念に合致するという考えに立っています。……国連の平和活動は国家の主権である自衛権を超えたものです。したがって、国連の平和活動は、たとえそれが武力の行使を含むものであっても、日本国憲法に抵触しない、というのが私の憲法解釈です」

つまらない小沢一郎の憲法解釈など聞きたくはないが、重要なのは、小沢一郎は、国連安保を媒介すれば、改憲しなくとも集団的自衛権を行使できる、海外で武力行使できる、というのである。つまり、小沢一郎は、歴代の自民党政権の改憲＝集団的自衛権行使という高いハードルを、国連安保論を媒介に軽く乗り越えていったということだ。

この実現として、アフガンのＩＳＡＦ（国際治安支援部隊）への参加を、小沢一郎は同誌において提唱する。

「国連決議でオーソライズされた国連の平和活動に日本が参加することは、ＩＳＡＦであれ何であれ、何ら憲法に抵触しないと言っているのです……もちろん、今日のアフガンについては、私が政権を取って外交・安保政策を決定する立場になれば、ＩＳＡＦへの参加を実現したいと思っています。……我々は米軍活動という枠組みから離れ、ＩＳＡＦのような明白な国連活動に参加しようと言っているのです」

小沢一郎は、遂に政権を取った。したがって、この論文ではっきり言うように、ＩＳＡＦへの自衛隊の参加―アフガン治安軍への武力行使をともなう参戦―は、いずれ近いうちに実現することになるという、楽観を許さない情勢をもたらしている。

「国連安保論」とナイ・リポート

さて、いままで述べてきた「国連安保論」は、小沢一郎一人の主張ではない。というか、小沢一郎の影響力は、当時の細川政権・羽田政権と続く政府の中にしっかりと存在したから、当然にも自民党政権に替わるこれらの政権が、新しい安保防衛政策を打ちだすことは明らかであった。こうして、1994年2月、細川政権のもとで首相直属の私的諮問機関として発足した防衛問題懇談会は、新しい日本の安保防衛政策を答申・公表した。

防衛問題懇談会の設置の目的は、1976年の「防衛計画の大綱」の見直しを行い、冷戦後の日本の防衛の在り方の意見をまとめることである。座長には、樋口広太郎（アサヒビール会長）、委員には、猪口邦子（上智大教授）、佐久間一（元統合幕僚会議議長）、西広整輝（元防衛事務次官）

ほか、8人の学者などが肩を並べた。

ところで、この防衛問題懇談会の答申内容は、どういうものであったのか。この詳細は省くが、少し検討してみよう（詳細は、当時この問題について執筆している拙著『自衛隊の周辺事態出動』社会批評社刊を参照）。

懇談会答申は、95大綱に取り入れられたＬＩＣ対処などに触れた後、今後の日本の安全保障戦略について、その第2章と第3章で述べている。この目次は以下のようになっている。

第2章　日本の安全保障政策と防衛力についての考え方

第1節　能動的・建設的な安全保障政策

第2節　多角的安全保障協力

第3節　日米安全保障協力関係の機能充実

第4節　信頼性の高い効率的防衛力の維持および運用

第3章　新たな時代における防衛力のあり方

第1節　多角的安全保障協力のための防衛力の役割

第2節　日米安全保障協力関係の充実

第3節　自衛能力の維持と質的改善

以上のような目次の構成によって、一見して懇談会答申の核心内容は認識できる。「日米安全保障」という文言が、いずれの章においても「多角的安全保障」の後に置かれているからだ。そして、答申は第1章本文で以下のようにいう。「総合的な国力において、米国はかつてのような圧倒的優位はもっていない」、したがって、冷戦終焉後の日本の安全保障政策として「第1は世界的ならびに地域的な規模での多角的安全保障協力の促進、第2は日米安全保障関係の機能充実、第3は……」と。

つまり、懇談会答申は、今後の日本は「受動的な安全保障上の役割から脱して、能動的な秩序形成者として行動すべき」であり、この第1が多角的安全保障政策の形成、第2が日米安保であると、日米安保を二番目に格下げしたのだ。多角的安全保障政策とは、国連やASEAN地域フォーラム（ARF）を媒介とする安全保障政策である。つまり、「国連安保」「アジア安保」ということだ。

いずれにしても、この懇談会答申は、冷戦終焉後の日米安保による安全保障政策を二次的な政策として位置付けたということであり、すでに見てきた小沢一郎の提唱する、「国連安保論」「国際的安全保障論」を軸に日本が進むことを提唱するものであった。

さて、この防衛問題懇談会の答申が出されると、アメリカは激烈に反応した。アメリカは、これを日本の「安保離れ」ととらえた。そして、直後からアメリカによる「さまざまな対話を集中的に実施」(96年防衛白書)したのである。

その結論は、95年2月のナイ・リポートである(「東アジア戦略報告」)。これは、すでに一部を紹介してきたので、少しだけの引用にしたいが、まず、ナイが言うように、「東アジア報告と新大綱は相互補完的」であり、このナイ・リポートによる警告によって、日本の安保離れに歯止めをかけたのが、95大綱であったということだ。

そして、ナイ・リポートは、「アジア太平洋地域に対する地域的安全保障戦略は、この40年以上にわたって、アメリカの戦略の中心に位置してきた二国間同盟の強化を重視している。ARFに米国は積極的に参加する。しかし、それは地域におけるアメリカの二国間関係を補完するものであって、それにとってかわるものではない」という。

このナイ・リポートの意図するものは、明白だ。答申のいう日本の「国連安保論」や「アジア安保論」、すなわち、国連中心主義やアジア中心主義は認めない、それは日米安保の「補完」にすぎない、あくまで日本は、日米安保体制基軸に安全保障政策を推進すべきである、と。

繰りかえすが、このナイ・リポートの結果が、95大綱の「安保態勢」を強調した策定であり、96年の「日米安保共同宣言」であり、さらに97年の新ガイドラインの合意であるということだ。つまり、1990年代の半ばから後半にかけて、日本の独自の安全保障政策はいかなるものであれ、アメリカに封じ込められた、という事実を認識しておくべきだ。

(先に紹介した『日米同盟の正体』によれば、米大統領補佐官のマイケル・グリーンは、95大綱の内容を相当に心配していたといい、95大綱策定後その文書に「日米安保」という言葉が何回出てくるのか、数えたという。そうすると、95大綱では「日米安保」という言葉が11回も出てきた。これは、1976年の防衛大綱の1回に比べて格段の中身で、ナイは「11倍も日米同盟の重要性が増えた」と喜んだという。なお、日本でもこの95大綱策定直後に、「日米安保」の言葉の多さに驚き、それを数えて発表した人がいたが、それは軍事研究者の故・山川暁夫氏であった。)

鳩山民主党の日米安保論

以上のように、1990年代からの日本とアメリカの日米安保をめぐる論議をみていると、今日の鳩山民主党政権の日米安保政策の重要な問題点が明らかになってくる。というのは、昨年の鳩山政権の成立後、普天間問題を象徴とする日米政府の日米安保の認識には、ほとんど90年代と同様の問題が生じているからだ。

この論議を検討するために、まずは、鳩山民主党のマニフェストの内容を見てみよう。民主党は、マニフェストの「外交」の個所で、「緊密で対等な日米関係を築く」として、以下のように明記する。

「日本外交の基盤として**緊密で対等な日米同盟関係**をつくるため、主体的な外交戦略を構築した上で、米国と役割を分担しながら日本の責任を積極的に果たす。日米地位協定の改定を提起し、米軍再編や在日米軍基地のあり方についても見直しの方向で臨む」

また、マニフェストの「**東アジア共同体の構築**をめざし、アジア外交を強化する」という個所で、「中国、韓国をはじめ、アジア諸国との信頼関係の構築に全力を挙げる。通商、金融、エネルギー、環境、災害救援、感染症対策等の分野において、アジア・太平洋地域の域内協力体制を確立する」といい、「世界の平和と繁栄を実現する」という個所では、「**国連を重視した世界平和の構築**を目指し、国連改革を主導するなど、重要な役割を果たす」「わが国の主体的判断と民主的統制の下、国連の平和維持活動（ＰＫＯ）等に参加して平和の構築に向けた役割を果たす」などと謳っている。

つまり、この鳩山民主党のマニフェストは、一方で「対等な日米同盟」をいうが、他方で「主体的な外交戦略」「東アジア共同体構築」「国連重視の世界平和構築」を唱えており、いうところの**「日米中の正三角形」**（小沢一郎の主張）の外交であるということだ。

周知のように、民主党幹事長の小沢一郎は、昨年の政権成立後、約６００人の国会議員団などを率いて中国を訪問するなど、「親中」政策を鮮明に表しているが、この「親中」政策が、アメリカを相当刺激していることは、かつての日米安保をめぐる議論からすれば必至である。

辺野古沖のボーリング調査（右は反対派のヤグラ）

特に問題になるのは、すでに見てきたように、小沢一郎の国連安保論・アジア安保論と、この民主党マニフェストの「東アジア共同体構築」との関係である。言うまでもないが、民主党が「東アジア共同体構築」を実現しようとするなら、日本の安全保障政策は、当然にも「アジア安保論」「国連安保論」として進んでいくことになる。

しかし、この小沢の「アジア安保論」、民主党の「東アジア共同体構築論」は、まぎれもなく、日米安保と激しくぶつかることは明らかだ。なぜなら、この政策の要は明らかに中国であり、日中提携を媒介として「東アジア共同体構想」「アジア安保論」を形成しない限り、これらはまったく成り立たないのだ。つまり、アジア安保論と日米安保論とは両立しないということである。「正三角形」外交は成り立たないのだ。なぜか？

それは、いままで述べてきたことから明確である。アメリカの21世紀のアジア太平洋戦略は、中国脅威論―対中抑止戦略を採っており、これはオバマ政権が成立してもまったく変わっていないのだ。つまり、アメリカの現在から近い将来にかけてのアジア太平洋政策は、「新たな冷戦」（新冷戦）政策であり、中国の封じ込め政策であるということだ。このような政策をアメリカが採る限り、鳩山民主党政権の「東アジア共同体構築」は、絵に描いた餅どころか徹底的に押さえ込まれることは疑いない。しかしながら、このような対中抑止戦略、中国への封じ込め政策は、今日、果たして成り立つのか？

日中提携の歴史的必然性

結論から言えば、日本と中国の連携・協力、日中提携は歴史的流れであり、同時に日米安保離れ、日米安保の〝実体的空洞化〟は、これも歴史の流れである、ということだ。

この現実は、すでに日中関係の貿易額と日米関係の貿易額の対比によって表れている。日本の対中貿易総額は、2005年にアメリカを超えて、2008年に入ると日中貿易総額は（対香港を除く）、2664億ドル、日米貿易総額は2132億ドルと、中国がアメリカを1・

3倍も上まわる額（財務省）となっている。この日中・日米の貿易総額の割合は、おそらく2009年から今年にかけて、圧倒的な対比が生じていることは間違いない。というのは、リーマン・ショック以後、日本とアメリカとの貿易関係は相当に後退し、逆に日中の貿易関係は圧倒的に増大しているからだ。

現在のところ日本では、中国に対して「政冷経熱」ならぬ「軍冷経熱」という現象が生まれている。しかし、このような日中貿易量の増大にみる経済の流れが、必然的に政治・軍事の流れとなることは明白であり、歴史的には、日本の日米安保離れはどんどんと進み、安保体制は空洞化していくことは明らかだ（日英同盟の空洞化のように進む可能性）。

だが、日本において、こういう日米安保離れが進めば進むほど、アメリカ側からの牽制・圧力が強まってくることも明白である。鳩山政権の「東アジア共同体構想」に対しては、クリントン米国務長官の「アジア太平洋の枠組み作りには、米国の参加が不可欠」（10年1月13日）という牽制・圧力が、直ちに始まっている。報道では、この「東アジア共同体構想」をアメリカが主導する決意だというが、現実は単なる日本への牽制・恫喝でしかない。

一方でアメリカは、この情勢の中で台湾への武器輸出を決定した。これは今年1月29日、地対空誘導弾（パトリオットPAC－3）などの武器、64億ドル（約5800億円）相当を台湾へ輸出する方針という。このように、アメリカの対中抑止戦略は、着々と形成されているということである。

このアメリカの対中抑止戦略―新冷戦政策が強化され、そして、この対中抑止戦略を日本に押しつけてくればくるほど、日本の支配層―経済・政治支配層の、日中提携重視か日米同盟か、をめぐる歴史的分岐と対立が生じてくるということだ。しかし、この対立は、日中経済の圧倒的強化という現実的流れだけでなく、アメリカの一極支配の終焉、リーマン・ショック以降のアメリカ経済の没落・失墜という状況の中で、アメリカ的グローバリズムの終わりをもたらし、日中提携・日中連携の強化によって決着することは必至である。

経済安保としての日米安保

これまで述べてきたような、鳩山政権の日米安保論や東アジア共同体構築論、また、この間の普天間飛行場移転先をめぐる政府内の混乱は、おそらくアメリカには「同盟漂流」と写っている。この状況の中でアメリカからは、またもや「日米安保再定義」を求める動きが出始めている。この間の日米のいくつかの首脳同士の会談でも、それらは表明されている。

折しも、鳩山政権は、昨年中に予定していた新防衛大綱の策定を今年に延期した。この新大綱策定の延期は、政権交代による防衛政策の変更の影響もあることは間違いない。だが、それ以上に新政権の、アメリカの戦略との調整・すりあわせにあることは明らかだ。つまり、90年代そして、04～05年になされた新大綱と日米安保再編の連携・一体化による策定と同様な状況が、現在、生じているといえる。

こうして、鳩山政権のもとで、再び「安保再定義」がなされようとしている中で、私たちが独自の安保論―反安保論を構築することが重要になってきている。では、日米安保論を原点に戻って再構築するためには、何が必要なのか。

その重要な一つが、日米安保条約の「**経済安保**」**の側面の重視**ということだ。安保条約は通常、日米同盟―日米軍事同盟として規定される。もちろん、日米安保体制は、その成立目的からして、戦後、対ソ抑止戦略の一環として締結された軍事同盟である。この日米安保の軍事同盟としての性格を押さえた上で、しかし、経済同盟としての日米安保もまた重視すべきだ。

日米安保条約第2条には、「**締約国は、その国際経済政策におけるくい違いを除くことに努め、また、両国の間の経済的協力を促進する**」と明記されている。

つまり、この第2条の規定は、日米安保条約が「経済同盟」としても存在し機能していることを条文からも表している。問題は、この経済同盟としての日米安保は何をなしたのか？　これは私たちの間で、充分に解明されていない。どちらかというと、いや、ほとんどと言っていいが、戦後の反安保論は、60年安保闘争も70年安保闘争も、軍事同盟としての安保に反対する運動であった。したがって、この総括に踏まえて、「経済同盟」としての日米安保の見直しが必要だ（実際、学者や運動家の中からも、こういう見直しが広がっている。武建一・本山美彦他著『時代の求めにこたえて』社会批評社刊参照）。

日米安保が、経済安保・経済同盟としてもっとも問題になるのは、１９９０年代の日米経済協議、年次改革要望書などからである。年次改革要望書とは、正式には「日米規制改革および競争政策イニシアティブに基づく要望書」と言われ、94年から毎年1回、米日双方から提出された。だが、ここでの日本側の要求はほとんど実現されたことはなく、アメリカ側の一方的要求による日本経済の改革が押し付けられるのみであった。

このアメリカの要求による日本の経済改革は、90年代から今日まで日本経済を破壊するほどの勢いで、相次いで打ちだされ、実現されている。この政策が、いわゆる規制緩和、民営化、労働法制度自由化などである。言い換えると、90年代からの金融資本の自由化、労働市場の自由化、規制緩和という路線のすべては、このアメリカの要求で行われてきたものである。このアメリカの押し付けは、広い意味では国鉄から始まる民営化路線も入るが、最近の状況では「郵政の民営化」政策がまさにそうであった。

２００４年の年次改革要望書には、郵政民営化の要求が明文化されている。この要求の背景にあるのは、郵政公社の持つ資金である。つまり、米国の保険業界にとっては、１２０兆円を超える「かんぽ」資金は非常に魅力的な市場であり、アメリカ政府は自国保険業界の意向に沿う方向で、「簡保を郵便事業から切り離して民営化し、全株を市場に売却せよ」と要求したのだ。

また、年次改革要望書によって行われた労働法制度の自由化では、労働者派遣法の改悪が最たるものだ。この派遣法の改悪、あるいは民営化路線をも含めて、日本社会全体にもたらされたのは格差社会、貧困が蔓延する社会である。このような、アメリカの経済要求は、まさしく「日本改造」の要求であり、この原因が日米安保の「経済条項」にあることは明白である。

国際金融資本の独裁と安保体制

この日米安保体制の、経済と政治・軍事の関係を別な観点から認識することもできる。経済学者の本山美彦は、『金融権力』（岩波新書）という著書の中で、国際経済学者のJ・バグワッチを引用し、「国際的な金融複合体―ウオール街・IMF・ワシントン複合体」という概念―これを本山は、「金融権力」とよび、この金融権力が世界の金融・資本市場の自由化、貿易の自由化、民営化などを押し付けているとされる。

この本山説と同様の説もある。ノーベル経済学賞受賞者のジョセフ・E・スティグリッツは、その著書で「グロバリーゼーションを支配している三つの機関の、IMF・世界銀行・世界貿易機関＋アメリカ財務省」、つまり、ＩＭＦを中心とした―米は拒否権を持っており人事権も持っている―四つの機関は、「ワシントン・コンセンサス」を形成し、世界に貿易の自由化、資本の自由化、民営化を押し付けている述べている（『世界を不幸にしたグローバリズムの正体』『世界に格差をバラ撒いたグローバリズムを正す』徳間書店刊）。

このような内容を捉えてジョセフは、ＩＭＦなどの四つの機関の在り方を「国際金融資本の独裁」という。そして、このジョセフのいう「国際金融資本」が、アメリカ帝国主義を中心に形成されていることは明らかだ。まさに、この国際金融資本こそが、全世界に金融・資本市場の自由化や民営化・労働法制度自由化などを押し付けている、つまり、アメリカ帝国主義の経済要求を押し付けているということだ。

このような「国際金融資本の独裁」という概念を用いると、経済と政治・軍事の相関関係を認識できる。これを言い換えると、アメリカを中心とした国際金融資本は、米英同盟・日米同盟という帝国主義の「政治・軍事同盟」体制を媒介にして、世界中にこういう経済構造を押し付け、かつアメリカへの一体化を要求するという構造があるということだ。これは日本などにも言える。日米安保体制は、日米軍事同盟であるが、この同盟体制を媒介にして「経済同盟」としてのアメリカ側の要求を実現しようとするのである。

したがって、日米安保体制は、経済同盟であり政治・軍事同盟であるという関係が、この実態的現実ではないか。ここから反安保論の再構築を行っていく必要性があるのだ。

日米軍事同盟を日米友好条約へ

最近、メディアや学者・研究者の中には、日米安保を「国際公共財」とよぶ言い方が広がっている。とんでもないことだ。日米安保の「国民的認知」、それも揺るぎのない認知を目論んでいるのだろう。この日米安保の「国際公共財論」こそ、形を変えた米軍の「世界の警察官論」である。

たとえば、日米安保条約改定50周年にあたっての鳩山首相の談話は、「日米安保条約に基づく米軍のプレゼンスは、地域の諸国に大きな安心をもたらすことにより、いわば公共財としての役割を今後とも果たしていく」と、日米安保の「国際公共財」としての役割を強調している。

日米安保の「国際公共財」としての主張は、アジア太平洋地域におけるテロや災害への日米軍隊の派遣を理由にしているのだろうが、そのようなものは日米安保の実態でも、本質でもない。すでに述べてきたように、日米安保は現在、対中抑止戦略にもとづいて「脅威」をひたすら煽るだけの、アジア太平洋地域の**平和の妨害物**と言うべきものになっている。

本来、私たちは、冷戦終焉後、日米安保体制の少なくとも縮小、在日米軍と自衛隊の縮小（軍縮）を求める運動を広げるべきであった。だが、冷戦後のマスメディアの「国際貢献論」や「同盟漂流」の声にかき消され、日米安保体制は今日に続くように一段と強化されるに至ったのだ。

だが、まだ遅くはない。日米安保条約改定50年目の現在、日米安保の是非をめぐる議論は確実に広がりつつある。そして、何よりも、沖縄から基地撤去―日米安保体制の根本的打破を求める運動が、噴出している。私たちは、この沖縄民衆の声に応えて、日米安保改定50年を区切りに反安保闘争の広がりをつくりだすべきときがきている。

その広がりの歴史的第一歩は、沖縄―本土の共同闘争として「普天間飛行場閉鎖・辺野古新基地断念」の実現を突破口にして、「米海兵隊の全面撤退」の運動をつくりだすことである。そして、この海兵隊全面撤退の運動の広がりは、横田―横須賀―岩国―嘉手納などの在日米軍全面撤退へと行き着き、日米安保体制の〝空洞化〟をつくりだすことになる。

こうして、冷戦期の「遺物」であり、平和の妨害物である日米安保条約は、**「日米友好条約」あるいは「日米平和条約」**に変えてゆくことになるだろう。

「安保密約」問題の根本にあるもの

本書の最後になったが、本年3月9日に政府・外務省から公表された「安保密約」問題につ

「思いやり予算」で建てられた沖縄の米軍住宅

いて、一言触れておきたい。この「安保密約」問題の基本的内容は、1960年の安保改定以後、日本への核の持ち込み、米軍の日本からの自由出撃、沖縄返還以後の核再持ち込み、沖縄返還時の原状回復費の肩代わり、という四つの項目について、日本政府とアメリカ政府との間で密約があったというものだ。

この4項目の密約は、いまさら言うまでもなく、「公然の秘密」であり、ほとんどの人々が認識していたものである。しかし、政権交代後の鳩山政権の一つの仕事として、密約を正式に公表したことは一定の評価ができる。だが、密約の公表以上に大事なのは、このような国家間の密約がなぜ行われたのかということであり、そもそもこれは日米安保体制上のどんな問題に起因していたのか、という問題の解明である。

つまり、日米政府間の密約である核問題、米軍の自由出撃問題などは、日米安保の根幹に係わる問題だが、この根幹に係わる問題において、安保改定以後の日米同盟・日米軍事同盟はほとんど破綻していることが、ここでは証明されている。では、日米同盟はなぜ破綻したのか。これは一見明白である。いわゆる「対等な日米関係」というものが、まったく存在していないことに起因している。これは本書を通してみてきたとおりだが、核問題にしろ、米軍の自由出撃(事前協議制の完全無視)にしろ、あるいは「思いやり予算」にしろ、日米安保に係わるすべてが、アメリカの強引な押し付けであったということだ。

ここでは、「対等な日米関係」など、まったく存在していないと言っていい。いわば、戦後常時、「世界の警察官」として、戦争を継続してきた「超軍事大国アメリカ」と日本との、「対等な関係」など成立するはずがない。ここには、日米安保問題の本質が見事に表れている。つまり、日米安保体制は、「同盟関係」ではなく、「指揮関係」にあるということだ。

そして、この「指揮関係」は、いうところの日本のアメリカへの単なる「従属」というものではない。これは先に述べたように、国際金融資本による、日米同盟を媒介にしたグローバルな支配体制の形成という問題である。この意味では日本もまた、その世界的支配体制形成の一翼を担っているのであり、いうところの「番犬帝国主義」として、ますます登場しているということだ。

だからこそ私たちは、日米安保条約改定50年目の現在、反安保論を鋭く研ぎすましていかなくてはならない。

結語　普天間飛行場を即時閉鎖せよ

世界一危険な基地

2003年11月、沖縄を訪問したラムズフェルド米国防長官（当時）は、普天間飛行場を上空から視察して、「こんな所で事故が起きない方が不思議だ」と述べたが、その長官訪沖から1年も経たずに、米軍普天間飛行場の大型ヘリは、沖縄国際大学の構内に墜落した（04年8月）。米軍普天間飛行場は、沖縄・宜野湾市の市街地にあり、市の面積の4分の1が普天間飛行場といわれる。その滑走路は、長さが2800メートル、幅46メートルもあり、沖縄では嘉手納飛行場・那覇空港とならぶ、巨大軍事空港である。ここには、すでに述べてきたように米軍ヘリ約56機のほか、固定翼機で給油機であるKC－130ハーキュリーズなど15機も配備されている。

ところで、沖縄基地対策室発行の『沖縄の米軍基地』によると、市の中央部に位置する普天間飛行場は、市面積の約24・7％を占めており、これに同市に所在するキャンプ瑞慶覧《ズケラン》、陸

沖縄国際大学に墜落した普天間飛行場の米軍ヘリの跡

軍貯油施設を含めた基地面積は、同市面積の約32・7％を占めているという。「基地沖縄」の中の、まさに典型的な基地の街だ。

普天間飛行場の海兵隊は、第3海兵遠征軍・第1海兵航空団・第36海兵航空群の部隊である。この部隊は、上陸作戦支援やそのための対地攻撃、偵察、空輸などの任務にあたる航空部隊であるが、同基地での離着陸訓練を頻繁に行うだけでなく、沖縄の北部訓練場やキャンプ・シュワブ、キャンプ・ハンセンなどでも、空陸一体の訓練も行っている。

この海兵隊の訓練において、驚くべきことに、復帰以後から2002年12月末までに、固定翼機8件、ヘリコプター69件の計77件の事故が発生しており、復帰後の沖縄県内の米軍航空機事故（217件）の約35・5％が、普天間飛行場関連の事故であるというのだ（『沖縄の米軍基地』）。もちろん、この統計には、先の沖縄国際大などの事故は入っていない。

こうしてみると、普天間飛行場が「世界一危険な基地」であるというのは、誇張でも何でもない。実際、沖縄米軍基地の中で、もっとも危険な基地なのだ。

沖縄の民衆が、この普天間飛行場の即時閉鎖を求め、その「県外・国外」の移転を要求するのは当然の正当な要求である。

２０１０年3月10日付「琉球新報」の社説は、この間の鳩山政権や与党の、普天間飛行場のキャンプ・シュワブ陸上案などの「県内移設案」などに対して、鋭い批判を加えた後、こう述べている。「住民に犠牲を強いる同盟なら要らない。首相には施政方針で説いた『命を守る』信念を貫き、米海兵隊の沖縄撤退を米側に強く迫ってもらいたい」。

明快で、かつ鮮明な主張ではないか。これが本来のメディアの役割と言うべきであろう。

銃剣とブルドーザー

戦後沖縄の米軍基地建設は、「銃剣とブルドーザー」による、民衆の土地の強制的接収であった。琉球処分以来の沖縄への差別政策が、敗戦後の「天皇メッセージ」をはじめ、沖縄の切り捨て、アメリカによる軍事占領を継続させ、「基地の島」と呼ばれる軍事要塞を沖縄につくりだしてしまったのだ。そして、本土の沖縄への差別的無関心は、本土復帰後さえも巨大な米軍基地の存続を許容することになったのだ。

『沖縄の米軍基地』によると、復帰前の米軍基地は、全県土の14・8％に相当する約353平方キロに及んでおり、沖縄本島については実に27・2％が米軍基地であったという。そして、復帰後、米軍基地の返還は本土では約60％と進んだのに対し、沖縄では約16％の返還にとどまったという。

そして、同書による統計では、「沖縄には、平成14年3月末現在、県下53市町村のうち25市町村にわたって38施設、2万3728・8ヘクタールの米軍基地が所在しており、県土面積22万7194ヘクタール（02年4月1日現在）の10・4パーセントを占めている」という（本島では18・4％）。

これを本土の米軍基地と比べてみると、その巨大さが実感できる。在沖米軍基地は、全国の米軍基地面積（米軍が常時使用できる専用施設）の、実に74・7％を占めている。そして、これにプラスして、自衛隊施設35施設（建物のみの8施設を含む、自衛官約6300人）もまた、沖縄で基地群をなしている。

この米軍基地のうち、海兵隊は在沖米軍基地の75・5％を占め、軍人数も在沖米軍総数の

57％を占めて、施設数・兵員数とも米軍の中で最大だ。

周知のように、沖縄では、あのアジア太平洋戦争下の日本において、唯一、大規模な地上戦が行われた。そして、この沖縄戦に動員されたのは、「鉄血勤皇隊」「ひめゆり学徒隊」などの少年・少女たちや青年たちであった。彼ら・彼女らを含む、沖縄住民の約9万4000人は、この戦争で亡くなった。この死者の中には、チビチリガマなどでの「集団自決」や、日本軍から「スパイ罪」の汚名を着せられて殺された人々も少なくないのだ。

引き継がれる島ぐるみの闘争

この「鉄の暴風」といわれる戦争に苦しめられてきた沖縄に、戦後も日本政府は米軍の占領を継続させ、暴力による基地建設―農民・住民の強制退去を強いてきたのだ。この米軍の土地取り上げに対する抵抗は、伊江島島民のたたかいをはじめ、「島ぐるみ闘争」として爆発したのであった。そして、この戦後沖縄の反基地闘争は、コザ暴動（現沖縄市）、復帰闘争、さらには1995年の少女暴行事件に対する沖縄全島総決起のたたかいとして、綿々と引き継がれている。

沖縄名護の辺野古住民による、2004年4月以来の、「3000日」を超える新基地建設反対の座り込みは、沖縄がいかに基地を拒否しているのか、その証左である。日米の政府も、防衛省などの官僚たちも、この沖縄民衆の抵抗を砕くことは、絶対にできない。なぜなら、沖縄民衆の抵抗は、あの沖縄戦の体験から生まれた平和の思想**〈命《ぬち》どぅ宝《たから》〉を根源としているか**らだ。

こういう沖縄への、私たちの本当の「連帯」が、いま求められている。

■日米安保関係資料

●日米安全保障共同宣言（21世紀に向けての同盟）

1996年4月17日

1　本日、総理大臣と大統領は、歴史上最も成功している二国間関係の一つである日米関係を祝した。両首脳は、この関係が世界の平和と地域の安定並びに繁栄に深甚かつ積極的な貢献を行ってきたことを誇りとした。日本と米国との間の堅固な同盟関係は、冷戦の期間中、アジア太平洋地域の平和と安全の確保に役立った。我々の同盟関係は、この地域の力強い経済成長の土台であり続ける。両首脳は、日米両国の将来の安全と繁栄がアジア太平洋地域の将来と密接に結びついていることで意見が一致した。

この同盟関係がもたらす平和と繁栄の利益は、両国政府のコミットメントのみによるものではなく、自由と民主主義を確保するための負担を分担してきた日米両国民の貢献にもよるものである。総理大臣と大統領は、この同盟関係を支えている人々、とりわけ、米軍を受け入れている日本の地域社会及び、故郷を遠く離れて平和と自由を守るために身を捧げている米国の人々に対し、深い感謝の気持ちを表明した。

2　両国政府は、過去一年余、変わりつつあるアジア太平洋地域の政治及び安全保障情勢並びに両国間の安全保障面の関係の様々な側面について集中的な検討を行ってきた。この検討に基づいて、総理大臣と大統領は、両国の政策を方向づける深遠な共通の価値、即ち自由の維持、民主主義の追求、及び人権の尊重に対するコミットメントを再確認した。両者は、日米間の協力の基盤は引き続き堅固であり、21世紀においてもこのパートナーシップが引き続き極めて重要であることで意見が一致した。

地域情勢

3　冷戦の終結以来、世界的な規模の武力紛争が生起する可能性は遠のいている。ここ数年来、この地域の諸国の間で政治及び安全保障についての対話が拡大してきている。民主主義の諸原則が益々尊重されてきている。歴史上かつてないほど繁栄が広がり、アジア太平洋という地域社会が出現しつつある。アジア太平洋地域は、今や世界で最も活力ある地域となっている。

しかし同時に、この地域には依然として不安定性及び不確実性が存在する。朝鮮半島における緊張は続いている。核兵器を含む軍事力が依然大量に集中している。未解決の領土問題、潜在的な地域紛争、大量破壊兵器及びその運搬手段の拡散は全て地域の不安定化をもたらす要因である。

日米同盟関係と相互協力及び安全保障条約

4　総理大臣と大統領は、この地域の安定を促進し、日米両国が直面する安全保障上の課題に対処していくことの重要性を強調した。

これに関連して総理大臣と大統領は、日本と米国との間の同盟関係が持つ重要な価値を再確認した。両者は、「日本国とアメリカ合衆国との間の相互協力及び安全保障条約」（以下、日米安保条約）を基盤とする両国間の安全保障面の関係が、共通の安全保障上の目標を達成するとともに、21世紀に向けてアジア太平洋地域において安定的で繁栄した情勢を維持するための基礎であり続けることを再確認した。（a）総理大臣は、冷戦後の安全保障情勢の下で日本の防衛力が適切な役割を果たすべきことを強調する1995年11月策定の新防衛大綱において明記された日本の基本的な防衛政策を確認した。総理大臣と大統領は、日本の防衛のための最も効果的な枠組みは、日米両国間の緊密な防衛協力であるとの点で意見が一致した。この協力は、自衛隊の適切な防衛能力と日米安保体制の組み合わせに基づくものである。両首脳は、日米安保条約に基づく米国の抑止力は引き続き日本の安全保障の拠り所であることを改めて確認した。

（b）総理大臣と大統領は、米国が引き続き軍事的プレゼンスを維持することは、アジア太平洋地域の平和と安定の維持のためにも不可欠であることで意見が一致した。両首脳は、日米間の安全保障面の関係は、この地域における米国の肯定的な関与を支える極めて重要な柱の一つとなっているとの認識を共有した。

大統領は、日本の防衛及びアジア太平洋地域の平和と安定に対する米国のコミットメントを強調した。大統領は、冷戦の終結以来、アジア太平洋地域における米軍戦力について一定の調整が行われたことに言及した。米国は、周到な評価に基づき、現在の安全保障情勢の下で米国のコミットメントを守るためには、日本におけるほぼ現在の水準を含め、この地域において、約10万人の前方展開軍事要員からなる現在の兵力構成を維持することが必要であることを再確認した。

（c）総理大臣は、この地域において安定的かつ揺るぎのない存在であり続けるとの米国の決意を歓迎した。総理大臣は、日本における米軍の維持のために、日本が、日米安保条約に基づく施設及び区域の提供並びに接受国支援等を通じ適切な寄与を継続することを再確認した。大統領は、米国は日本の寄与を評価することを表明し、日本に駐留する米軍に対し財政的支援を提供する新特別協定が締結されたことを歓迎した。

日米間の安全保障面の関係に基づく二国間協力

5　総理大臣と大統領は、この極めて重要な安全保障面での関係の信頼性を強化することを目的として、以下の分野での協力を前進させるために努力を払うことで意見が一致した。（a）両国政府は、両国間の緊密な防衛協力が日米同盟関係の中心的要素であることを認識した上で、緊密な協議を継続することが不可欠であることで意見が一致した。両国政府は、国際情勢、とりわけアジア太平洋地域についての情報及び意見の交換を一層強化する。同時に、国際的な安全保障情勢において起こりうる変化に対応して、両国政府の必要性を最も良く満たすような防衛政策並びに日本における米軍の兵力構成を含む軍事態勢について引き続き緊密に協議する。

（b）総理大臣と大統領は、日本と米国との間に既に構築されている緊密な協力関係を増進するため、1978年の「日米防衛協力のための指針」の見直しを開始することで意見が一致した。

両首脳は、日本周辺地域において発生しうる事態で日本の平和と安全に重要な影響を与える場合における日米間の協力に関する研究をはじめ、日米間の政策調整を促進する必要性につき意見が一致した。

（c）総理大臣と大統領は、「日本国の自衛隊とアメリカ合衆国軍隊との間の後方支援、物品又は役務の相互の提供に関する日本国政府とアメリカ合衆国政府との間の協定」が1996年4月15日署名されたことを歓迎し、この協定が日米間の協力関係を一層促進するものとなるよう期待を表明した。

（d）両国政府は、自衛隊と米軍との間の協力のあらゆる側面における相互運用性の重要性に留意し、次期支援戦闘機（F－2）等の装備に関する日米共同研究開発をはじめとする技術と装備の分野における相互交流を充実する。

（e）両国政府は、大量破壊兵器及びその運搬手段の拡散は、両国の共通の安全保障にとり重要な意味合いを有するものであることを認識した。両国政府は、拡散を防止するため共に行動していくとともに、既に進行中の弾道ミサイル防衛に関する研究において引き続き協力を行う。

6　総理大臣と大統領は、日米安保体制の中核的要素である米軍の円滑な日本駐留にとり、広範な日本国民の支持と理解が不可欠であることを認識した。両首脳は、両国政府が、米軍の存在と地位に関連する諸問題に対応するためあらゆる努力を行うことで意見が一致した。両首脳は、また、米軍と日本の地域社会との間の相互理解を深めるため、一層努力を払うことで意見が一致した。

特に、米軍の施設及び区域が高度に集中している沖縄について、総理大臣と大統領は、日米安保条約の目的との調和を図りつつ、米軍の施設及び区域を整理し、統合し、縮小するために必要な方策を実施する決意を再確認した。このような観点から、両首脳は、「沖縄に関する特別行動委員会」（SACO）を通じてこれまで得られた重要な進展に満足の意を表するとともに、1996年4月15日のSACO中間報告で示された広範な措置を歓迎した。両首脳は、1996年11月までに、SACOの作業を成功裡に結実させるとの確固たるコミットメントを表明した。

地域における協力

7　総理大臣と大統領は、両国政府が、アジア太平洋地域の安全保障情勢をより平和的で安定的なものとするため、共同でも個別にも努力することで意見が一致した。これに関連して、両首脳は、日米間の安全保障面の関係に支えられたこの地域への米国の関与が、こうした努力の基盤となっていることを認識した。

両首脳は、この地域における諸問題の平和的解決の重要性を強調した。両首脳は、この地域の安定と繁栄にとり、中国が肯定的かつ建設的な役割を果たすことが極めて重要であることを強調し、この関連で、両国は中国との協力を更に深めていくことに関心を有することを強調した。ロシアにおいて進行中の改革のプロセスは、地域及び世界の安定に寄与するものであり、引き続き慫慂し、協力するに足るものである。両首脳は、また、アジア太平洋地域の平和と安定にとり、東京宣言に基づく日露関係の完全な正常化が重要である旨述べた。両者は、朝鮮半島の安定が日米両国にとり極めて重要であることにも留意し、そのために両国が、韓国と緊密に協力しつつ、引き続きあらゆる努力を払っていくことを再確認した。

総理大臣と大統領は、ASEAN地域フォーラムや、将来的には北東アジアに関する安全保障対話のような、多数国間の地域的安全保障についての対話及び協力の仕組みを更に発展させるため、両国政府が共同して、及び地域内の他の国々と共に、作業を継続することを再確認した。

地球的規模での協力

8　総理大臣と大統領は、日米安保条約が日米同盟関係の中核であり、地球的規模の問題についての日米協力の基盤たる相互信頼関係の土台となっていることを認識した。

総理大臣と大統領は、両国政府が平和維持活動や人道的な国際救援活動等を通じ、国際連合その他の国際機関を支援するための協力を強化することで意見が一致した。

両国政府は、全面的核実験禁止条約（CTBT）交渉の促進並びに大量破壊兵器及びその運搬手段の拡散の防止を含め、軍備管理及び軍縮等の問題についての政策調整及び協力を行う。両首脳は、国連及びAPECにおける協力や、北朝鮮の核開発問題、中東和平プロセス及び旧ユーゴースラヴィアにおける和平執行プロセス等の問題についての協力を行なうことが、両国が共有する利益及び基本的価値が一層確保されるような世界を構築する一助となるとの点で意見が一致した。

結語

9　最後に、総理大臣と大統領は、安全保障、政治及び経済という日米関係の三本の柱は全て両国の共有する価値観及び利益に基づいており、また、日米安保条約により体現された相互信頼の基盤の上に成り立っているとの点で意見が一致した。総理大臣と大統領は、21世紀を目前に控え、成功を収めてきた安全保障協力の歴史の上に立って、将来の世代のために平和と繁栄を確保すべく共に手を携えて行動していくとの強い決意を再確認した。

●普天間飛行場に関するSACO最終報告

（この文書は、SACO最終報告の不可分の一部をなすものである。）於　東京

平成8年12月2日

1　はじめに

（a）平成8年12月2日に開催された日米安全保障協議委員会（SCC）において、池田外務大臣、久間防

衛庁長官、ペリー国防長官及びモンデール大使は、平成8年4月15日の沖縄に関する特別行動委員会（SACO）中間報告及び同年9月19日のSACO現状報告に対するコミットメントを再確認した。両政府は、SACO中間報告を踏まえ、普天間飛行場の重要な軍事的機能及び能力を維持しつつ、同飛行場の返還及び同飛行場に所在する部隊・装備等の沖縄県における他の米軍施設及び区域への移転について適切な方策を決定するための作業を行ってきた。SACO現状報告は、普天間に関する特別作業班に対し、3つの具体的代替案、すなわち（1）ヘリポートの嘉手納飛行場への集約、（2）キャンプ・シュワブにおけるヘリポートの建設、並びに（3）海上施設の開発及び建設について検討するよう求めた。

（b）平成8年12月2日、SCCは、海上施設案を追求するとのSACOの勧告を承認した。海上施設は、他の2案に比べて、米軍の運用能力を維持するとともに、沖縄県民の安全及び生活の質にも配意するとの観点から、最善の選択であると判断される。さらに、海上施設は、軍事施設として使用する間は固定施設として機能し得る一方、その必要性が失われたときには撤去可能なものである。

（c）SCCは、日米安全保障高級事務レベル協議（SSC）の監督の下に置かれ、技術専門家のチームにより支援される日米の作業班（普天間実施委員会（FIG：Futenma Implementation Group）と称する。）を設置する。FIGは、日米合同委員会とともに作業を進め、遅くとも平成9年12月までに実施計画を作成する。この実施計画についてSCCの承認を得た上で、FIGは、日米合同委員会と協力しつつ、設計、建設、試験並びに部隊・装備等の移転について監督する。このプロセスを通じ、FIGはその作業の現状について定期的にSSCに報告する。

2　**SCCの決定**

（a）海上施設の建設を追求し、普天間飛行場のヘリコプター運用機能の殆どを吸収する。この施設の長さは約1500メートルとし、計器飛行への対応能力を備えた滑走路（長さ約1300メートル）、航空機の運用のための直接支援、並びに司令部、整備、後方支援、厚生機能及び基地業務支援等の間接支援基盤を含む普天間飛行場における飛行活動の大半を支援するものとする。海上施設は、ヘリコプターに係る部隊・装備等の駐留を支援するよう設計され、短距離で離発着できる航空機の運用をも支援する能力を有する。

（b）岩国飛行場に12機のKC－130航空機を移駐する。これらの航空機及びその任務の支援のための関連基盤を確保すべく、同飛行場に追加施設を建設する。

（c）現在の普天間飛行場における航空機、整備及び後方支援に係る活動であって、海上施設又は岩国飛行場に移転されないものを支援するための施設については、嘉手納飛行場において追加的に整備を行う。

（d）危機の際に必要となる可能性のある代替施設の緊急時における使用について研究を行う。この研究は、普天間飛行場から海上施設への機能移転により、現有の運用上の柔軟性が低下することから必要となるものである。

（e）今後5乃至7年以内に、十分な代替施設が完成し運用可能になった後、普天間飛行場を返還する。

3　**準拠すべき方針**

（a）普天間飛行場の重要な軍事的機能及び能力は今後も維持することとし、人員及び装備の移転、並びに施設の移設が完了するまでの間も、現行水準の即応性を保ちつつ活動を継続する。

（b）普天間飛行場の運用及び活動は、最大限可能な限り、海上施設に移転する。海上施設の滑走路が短いため同施設では対応できない運用上の能力及び緊急事態対処計画の柔軟性（戦略空輸、後方支援、緊急代替飛行場機能及び緊急時中継機能等）は、他の施設によって十分に支援されなければならない。運用、経費又は生活条件の観点から海上施設に設置することが不可能な施設があれば、現存の米軍施設及び区域内に設置する。

（c）海上施設は、沖縄本島の東海岸沖に建設するものとし、桟橋又はコーズウェイ（連絡路）により陸地と接続することが考えられる。建設場所の選定においては、運用上の所要、空域又は海上交通路における衝突の回避、漁船の出入、環境との調和、経済への影響、騒音規制、残存性、保安、並びに他の米国の軍事施設又は住宅地区への人員アクセスについての利便性及び受入可能性を考慮する。

（d）海上施設の設計においては、荒天や海象に対する上部構造物、航空機、装備及び人員の残存性、海上施設及び当該施設に所在するあらゆる装備についての腐食対策・予防措置、安全性、並びに上部構造物の保安を確保するため、十分な対策を盛り込むこととする。支援には、信頼性があり、かつ、安定的な燃料供給、電気、真水その他のユーティリティ及び消耗資材を含めるものとする。さらに、海上施設は、短期間の緊急事態対処活動において十分な独立的活動能力を有するものとする。

（e）日本政府は、日米安全保障条約及び地位協定に基づき、海上施設その他の移転施設を米軍の使用に供するものとする。また、日米両政府は、海上施設の設計及び取得に係る決定に際し、ライフ・サイクル・コストに係るあらゆる側面について十分な考慮を払うものとする。

（f）日本政府は、沖縄県民に対し、海上施設の構想、建設場所及び実施日程を含めこの計画の進捗状況について継続的に明らかにしていくものとする。

4　**ありうべき海上施設の工法**

日本政府の技術者等からなる「技術支援グループ」（TSG）は、政府部外の大学教授その他の専門家からなる「技術アドバイザリー・グループ」（TAG）の助言を得つつ、本件について検討を行ってきた。この検討の結果、次の3つの工法がいずれも技術的に実現可能とされた。（a）杭式桟橋方式（浮体工法）：海底に固定した多数の鋼管により上部構造物を支持する方式。

（b）箱（ポンツーン）方式：鋼製の箱形ユニットからなる上部構造物を防波堤内の静かな海域に設置する方式。

（c）半潜水（セミサブ）方式：潜没状態にある下部構造物の浮力により上部構造物を波の影響を受けない高さに支持する方式。

5　**今後の段取り**

（a）ＦＩＧは、ＳＣＣに対し海上施設の建設のための候補水域を可能な限り早期に勧告するとともに、遅くとも平成9年12月までに詳細な実施計画を作成する。この計画の作成に当たり、構想の具体化・運用所要の明確化、技術的性能諸元及び工法、現地調査、環境分析、並びに最終的な構想の確定及び建設地の選定という項目についての作業を完了することとする。

（b）ＦＩＧは、施設移設先において、運用上の能力を確保するため、施設の設計、建設、所要施設等の設置、実用試験及び新施設への運用の移転を含む段階及び日程を定めるものとする。

（c）ＦＩＧは、定期的な見直しを行うとともに、重要な節目において海上施設計画の実現可能性について所要の決定を行うものとする。

●平成17年度以降に係る防衛計画の大綱について

平成16年12月10日

安全保障会決定　閣議決定

平成17年度以降に係る防衛計画の大綱について別紙のとおり定める。これに伴い、平成7年11月28日付け閣議決定「平成8年度以降に係る防衛計画の大綱について」は、平成16年度限りで廃止する。

Ⅰ　**策定の趣旨**

我が国を取り巻く新たな安全保障環境の下で、我が国の平和と安全及び国際社会の平和と安定を確保するために、今後の我が国の安全保障及び防衛力の在り方について、「弾道ミサイル防衛システムの整備等について」（平成15年12月19日　安全保障会議及び閣議決定）に基づき、ここに「平成17年度以降に係る防衛計画の大綱」として、新たな指針を示す。

II　我が国を取り巻く安全保障環境

1　今日の安全保障環境については、米国の9・11テロにみられるとおり、従来のような国家間における軍事的対立を中心とした問題のみならず、国際テロ組織などの非国家主体が重大な脅威となっている。大量破壊兵器や弾道ミサイルの拡散の進展、国際テロ組織等の活動を含む新たな脅威や平和と安全に影響を与える多様な事態（以下「新たな脅威や多様な事態」という。）への対応は、国家間の相互依存関係の一層の進展やグローバル化を背景にして、今日の国際社会にとって差し迫った課題となっている。また、守るべき国家や国民を持たない国際テロ組織などに対しては、従来の抑止が有効に機能しにくいことに留意する必要がある。

一方、冷戦終結後10年以上が経過し、米ロ間において新たな信頼関係が構築されるなど、主要国間の相互協力・依存関係が一層進展している。こうした状況の下、安定した国際環境が各国の利益に適うことから、国際社会において安全保障上の問題に関する国際協調・協力が図られ、国連をはじめとする各種の国際的枠組み等を通じた幅広い努力が行われている。

この中で、唯一の超大国である米国は、テロとの闘いや大量破壊兵器の拡散防止等の課題に積極的に対処するなど、引き続き、世界の平和と安定に大きな役割を果たしている。また、国際社会における軍事力の役割は多様化しており、武力紛争の抑止・対処に加え、紛争の予防から復興支援に至るまで多様な場面で積極的に活用されている。

2　我が国の周辺においては、近年さらに、国家間の相互依存が拡大・深化したことに伴い、二国間及び多国間の連携・協力関係の充実・強化が図られている。

他方、冷戦終結後、極東ロシアの軍事力は量的に大幅に削減されたが、この地域においては、依然として核戦力を含む大規模な軍事力が存在するとともに、多数の国が軍事力の近代化に力を注いできた。また、朝鮮半島や台湾海峡を巡る問題など不透明・不確実な要素が残されている。この中で、北朝鮮は大量破壊兵器や弾道ミサイルの開発、配備、拡散等を行うとともに、大規模な特殊部隊を保持している。北朝鮮のこのような軍事的な動きは、地域の安全保障における重大な不安定要因であるとともに、国際的な拡散防止の努力に対する深刻な課題となっている。また、この地域の安全保障に大きな影響力を有する中国は、核・ミサイル戦力や海・空軍力の近代化を推進するとともに、海洋における活動範囲の拡大などを図っており、このような動向には今後も注目していく必要がある。

このような中で、日米安全保障体制を基調とする日米両国間の緊密な協力関係は、我が国の安全及びアジア太平洋地域の平和と安定のために重要な役割を果たしている。

3 以上のような我が国を取り巻く安全保障環境を踏まえると、我が国に対する本格的な侵略事態生起の可能性は低下する一方、我が国としては地域の安全保障上の問題に加え、新たな脅威や多様な事態に対応することが求められている。

4 なお、我が国の安全保障を考えるに当たっては、奥行きに乏しく、長大な海岸線と多くの島嶼が存在しており、人口密度も高いうえ、都市部に産業・人口が集中し、沿岸部に重要施設を多数抱えるという安全保障上の脆弱性を持っていること、災害の発生しやすい自然的条件を抱えていること、さらに、我が国の繁栄と発展には、海上交通の安全確保等が不可欠であることといった我が国の置かれた諸条件を考慮する必要がある。

Ⅲ　我が国の安全保障の基本方針

1　基本方針

我が国の安全保障の第一の目標は、我が国に直接脅威が及ぶことを防止し、脅威が及んだ場合にはこれを排除するとともに、その被害を最小化することであり、第二の目標は、国際的な安全保障環境を改善し、我が国に脅威が及ばないようにすることである。

我が国は、国際の平和と安全の維持に係る国際連合の活動を支持し、諸外国との良好な協調関係を確立するなどの外交努力を推進するとともに、日米安全保障体制を基調とする米国との緊密な協力関係を一層充実させ、内政の安定により安全保障基盤の確立を図り、効率的な防衛力を整備するなど、我が国自身の努力、同盟国との協力及び国際社会との協力を統合的に組み合わせることにより、これらの目標を達成する。

また、我が国は、日本国憲法の下、専守防衛に徹し、他国に脅威を与えるような軍事大国とならないとの基本理念に従い、文民統制を確保するとともに、非核三原則を守りつつ、節度ある防衛力を自主的に整備するとの基本方針を引き続き堅持する。

核兵器の脅威に対しては、米国の核抑止力に依存する。同時に、核兵器のない世界を目指した現実的・漸進的な核軍縮・不拡散の取組において積極的な役割を果たすものとする。また、その他の大量破壊兵器やミサイル等の運搬手段に関する軍縮及び拡散防止のための国際的な取組にも積極的な役割を果たしていく。

2　我が国自身の努力

(1) 基本的な考え方

安全保障政策において、根幹となるのは自らが行う努力であるとの認識の下、我が国として総力を挙げた取組により、我が国に直接脅威が及ぶことを防止すべく最大限努める。また、国際的な安全保障環境の改善による脅威の防止のため、我が国は国際社会や同盟国と連携して行動することを原則としつつ、外交活動等を主体的に実施する。

（2）国としての統合的な対応

一方、こうした努力にもかかわらず、我が国に脅威が及んだ場合には、安全保障会議等を活用して、政府として迅速・的確に意思決定を行い、関係機関が適切に連携し、政府が一体となって統合的に対応する。このため、平素から政府の意思決定を支える情報収集・分析能力の向上を図る。また、自衛隊、警察、海上保安庁等の関係機関は、適切な役割分担の下、一層の情報共有、訓練等を通じて緊密な連携を確保するとともに、全体としての能力向上に努める。さらに、各種災害への対応や警報の迅速な伝達をはじめとする国民の保護のための各種体制を整備するとともに、国と地方公共団体が相互に緊密に連携し、万全の態勢を整える。

（3）我が国の防衛力

防衛力は、我が国に脅威が及んだ場合にこれを排除する国家の意思と能力を表す安全保障の最終的担保である。

我が国はこれまで、我が国に対する軍事的脅威に直接対抗するよりも、自らが力の空白となって我が国周辺地域の不安定要因とならないよう、独立国としての必要最小限の基盤的な防衛力を保有するという「基盤的防衛力構想」を基本的に踏襲した「平成8年度以降に係る防衛計画の大綱」（平成7年11月28日安全保障会議及び閣議決定）に従って防衛力の整備を進めてきたところであり、これにより日米安全保障体制と相まって、侵略の未然防止に寄与してきた。

今後の防衛力については、新たな安全保障環境の下、「基盤的防衛力構想」の有効な部分は継承しつつ、新たな脅威や多様な事態に実効的に対応し得るものとする必要がある。また、国際社会の平和と安定が我が国の平和と安全に密接に結びついているという認識の下、我が国の平和と安全をより確固たるものとすることを目的として、国際的な安全保障環境を改善するために国際社会が協力して行う活動（以下「国際平和協力活動」という。）に主体的かつ積極的に取り組み得るものとする必要がある。

このように防衛力の果たすべき役割が多様化している一方、少子化による若年人口の減少、格段に厳しさを増す財政事情等に配慮する必要がある。

このような観点から、今後の我が国の防衛力については、即応性、機動性、柔軟性及び多目的性を備え、軍事技術水準の動向を踏まえた高度の技術力と情報能力に支えられた、多機能で弾力的な実効性のあるものとする。その際、規模の拡大に依存することなくこれを実現するため、要員・装備・運用にわたる効率化・合理化を図り、限られた資源でより多くの成果を達成することが必要である。

3 日米安全保障体制

米国との安全保障体制は、我が国の安全確保にとって必要不可欠なものであり、また、米国の軍事的プレゼンスは、依然として不透明・不確実な要素が存在するアジア太平洋地域の平和と安定を維持するために不可欠である。

さらに、このような日米安全保障体制を基調とする日米両国間の緊密な協力関係は、テロや弾道ミサイル等の新たな脅威や多様な事態の予防や対応のための国際的取組を効果的に進める上でも重要な役割を果たしている。

こうした観点から、我が国としては、新たな安全保障環境とその下における戦略目標に関する日米の認識の共通性を高めつつ、日米の役割分担や在日米軍の兵力構成を含む軍事態勢等の安全保障全般に関する米国との戦略的な対話に主体的に取り組む。その際、米軍の抑止力を維持しつつ、在日米軍施設・区域に係る過重な負担軽減に留意する。

また、情報交換、周辺事態における協力を含む各種の運用協力、弾道ミサイル防衛における協力、装備・技術交流、在日米軍の駐留をより円滑・効果的にするための取組等の施策を積極的に推進することを通じ、日米安全保障体制を強化していく。

4　国際社会との協力

国際的な安全保障環境を改善し、我が国の安全と繁栄の確保に資するため、政府開発援助（ＯＤＡ）の戦略的な活用を含め外交活動を積極的に推進する。また、地域紛争、大量破壊兵器等の拡散や国際テロなど国際社会の平和と安定が脅かされるような状況は、我が国の平和と安全の確保に密接にかかわる問題であるとの認識の下、国際平和協力活動を外交と一体のものとして主体的・積極的に行っていく。

特に、中東から東アジアに至る地域は、従来から我が国と経済的結びつきが強い上、我が国への海上交通路ともなっており、資源・エネルギーの大半を海外に依存する我が国にとって、その安定は極めて重要である。このため、関係各国との間で共通の安全保障上の課題に対する各般の協力を推進し、この地域の安定化に努める。

21世紀の新たな諸課題に対して、国際社会が有効に対処するためには、普遍的かつ包括的な唯一の国際機関である国連の機構を実効性と信頼性を高める形で改革することが求められており、我が国としても積極的にこの問題に取り組んでいく。

アジア太平洋地域においては、ＡＳＥＡＮ地域フォーラム（ＡＲＦ）等の地域の安全保障に関する多国間の枠組みや、テロ対策や海賊対策といった共通の課題に対する多国間の努力も定着しつつあり、我が国としては、引き続き、こうした努力を推進し、米国との協力と相まって、この地域における安定した安全保障環境の構築に向け、適切な役割を果たすものとする。

Ⅳ　防衛力の在り方

1　防衛力の役割

今後の我が国の防衛力については、上記の認識の下、以下のとおり、それぞれの分野において、実効的にその役割を果たし得るものとし、このために必要な自衛隊の体制を効率的な形で保持するものとする。

(1) 新たな脅威や多様な事態への実効的な対応

事態の特性に応じた即応性や高い機動性を備えた部隊等をその特性や我が国の地理的特性に応じて編成・配置することにより、新たな脅威や多様な事態に実効的に対応する。事態が発生した場合には、迅速かつ適切に行動し、警察等の関係機関との間では状況と役割分担に応じて円滑かつ緊密に協力し、事態に対する切れ目のない対応に努める。

新たな脅威や多様な事態のうち、主なものに関する対応と自衛隊の体制の考え方は以下のとおり。

ア 弾道ミサイル攻撃への対応

弾道ミサイル攻撃に対しては、弾道ミサイル防衛システムの整備を含む必要な体制を確立することにより、実効的に対応する。我が国に対する核兵器の脅威については、米国の核抑止力と相まって、このような取組により適切に対応する。

イ ゲリラや特殊部隊による攻撃等への対応

ゲリラや特殊部隊による攻撃等に対しては、部隊の即応性、機動性を一層高め、状況に応じて柔軟に対応するものとし、事態に実効的に対応し得る能力を備えた体制を保持する。

ウ 島嶼部に対する侵略への対応

島嶼部に対する侵略に対しては、部隊を機動的に輸送・展開し、迅速に対応するものとし、実効的な対処能力を備えた体制を保持する。

エ 周辺海空域の警戒監視及び領空侵犯対処や武装工作船等への対応

周辺海空域において、常時継続的な警戒監視を行うものとし、艦艇や航空機等による体制を保持する。また、領空侵犯に対して即時適切な措置を講ずるものとし、戦闘機部隊の体制を保持する。さらに、護衛艦部隊等を適切に保持することにより、周辺海域における武装工作船、領海内で潜没航行する外国潜水艦等に適切に対処する。

オ　大規模・特殊災害等への対応

大規模・特殊災害等人命又は財産の保護を必要とする各種の事態に対しては、国内のどの地域においても災害救援を実施し得る部隊や専門能力を備えた体制を保持する。

（2）本格的な侵略事態への備え

見通し得る将来において、我が国に対する本格的な侵略事態生起の可能性は低下していると判断されるため、従来のような、いわゆる冷戦型の対機甲戦、対潜戦、対航空侵攻を重視した整備構想を転換し、本格的な侵略事態に備えた装備・要員について抜本的な見直しを行い、縮減を図る。同時に、防衛力の本来の役割が本格的な侵略事態への対処であり、また、その整備が短期間になし得ないものであることにかんがみ、周辺諸国の動向に配意するとともに、技術革新の成果を取り入れ、最も基盤的な部分を確保する。

（3）国際的な安全保障環境の改善のための主体的・積極的な取組

国際平和協力活動に適切に取り組むため、教育訓練体制、所要の部隊の待機態勢、輸送能力等を整備し、迅速に部隊を派遣し、継続的に活動するための各種基盤を確立するとともに、自衛隊の任務における同活動の適切な位置付けを含め所要の体制を整える。

また、平素から、各種の二国間・多国間訓練を含む安全保障対話・防衛交流の推進や国連を含む国際機関等が行う軍備管理・軍縮分野の諸活動への協力など、国際社会の平和と安定に資する活動を積極的に推進する。

2　防衛力の基本的な事項

上記のような役割を果たす防衛力を実現するための基本となる事項は以下のとおり。

（1）統合運用の強化

各自衛隊を一体的に運用し、自衛隊の任務を迅速かつ効果的に遂行するため、自衛隊は統合運用を基本とし、そのための体制を強化する。このため、統合運用に必要な中央組織を整備するとともに、教育訓練、情報通信などの各分野において統合運用基盤を確立する。その際、統合運用の強化に併せて、既存の組織等を見直し、効率化を図る。

（2）情報機能の強化

新たな脅威や多様な事態への実効的な対応をはじめとして、各種事態において防衛力を効果的に運用するためには、各種事態の兆候を早期に察知するとともに、迅速・的確な情報収集・分析・共有等が不可欠である。このため、安全保障環境や技術動向等を踏まえた多様な情報収集能力や総合的な分析・評価能力等の強化を図るとともに、当該能力を支える情報本部をはじめとする情報部門の体制を充実することにより、高度な情報能力を構築する。

（3）科学技術の発展への対応

情報通信技術をはじめとする科学技術の進歩による各種の技術革新の成果を防衛力に的確に反映させる。特に、内外の優れた情報通信技術に対応し、統合運用の推進などに不可欠となる確実な指揮命令と迅速な情報共有を進めるとともに、運用及び体制の効率化を図るため、サイバー攻撃にも対処し得る高度な指揮通信システムや情報通信ネットワークを構築する。

（4）人的資源の効果的な活用

隊員の高い士気及び厳正な規律の保持のため、各種の施策を推進するとともに、自衛隊の任務の多様化・国際化、装備の高度化等に対応し得るよう、質の高い人材の確保・育成を図り、必要な教育訓練を実施する。また、安全保障問題に関する研究・教育を推進するとともに、その人的基盤を強化する。

上記の役割を果たすための防衛力の具体的な体制は別表のとおりとする。

V　留意事項

1　IVで述べた防衛力の整備、維持及び運用に際しては、次の諸点に留意してこれを行うものとする。

(1)格段に厳しさを増す財政事情を勘案し、一層の効率化、合理化を図り、経費を抑制するとともに、国の他の諸施策との調和を図りつつ防衛力全体として円滑に十全な機能を果たし得るようにする。

(2)装備品等の取得に当たっては、その調達価格を含むライフサイクルコストの抑制に向けた取組を推進するとともに、研究開発について、産学官の優れた技術の積極的導入や重点的な資源配分、適時適切な研究開発プロジェクトの見直し等により、その効果的かつ効率的な実施を図る。また、我が国の安全保障上不可欠な中核技術分野を中心に、真に必要な防衛生産・技術基盤の確立に努める。

(3)関係地方公共団体との緊密な協力の下、防衛施設の効率的な維持及び整備を推進するため、当該施設の周辺地域とのより一層の調和を図るための諸施策を実施する。

2　この大綱に定める防衛力の在り方は、おおむね10年後までを念頭においたものであるが、5年後又は情勢に重要な変化が生じた場合には、その時点における安全保障環境、技術水準の動向等を勘案し検討を行い、必要な修正を行う。

●防衛力の在り方検討会議のまとめ（2004年11月）

1　防衛力の在り方検討

9・11テロなど国際テロなどの新たな脅威が安全保障上の重大な問題となるなど、安全保障環境の劇的な変化などを踏まえ、防衛力の在り方検討会議において、約3年間にわたり数多くの会議を開催し、今後の防衛力の在り方や業務全般の在り方などについて累次検討を重ねてきた。さらに、本年5月以降は、特に各自衛隊の将来体制を中心に、集中した検討を行い、基本的な方向性を確認したところである。

2　抑止の概念

今後の防衛力の在り方の検討に当たり、現在の防衛力の整備等の基本的な考え方となっている基盤的防衛力構想が前提とする抑止の概念を整理することが必要である。

（1）基本的な考え方

「抑止とは何か」については、広い概念では、「費用と危険が敵対者の期待する結果を上回ると敵対者自身に思わせることで、自分の利益に反する行動を敵対者にとらせないようにする行為」をいう。

抑止は二つに分類でき、一つは懲罰的抑止（敵対者に対して攻撃的行動を開始すれば耐えられないような制裁を加えるという威嚇を行うことによって、敵対者に恐怖心を起こさせ、攻撃的行動を自制させること）であり、他方は、拒否的抑止（敵対者の特定の攻撃的行動の目的達成を拒否する能力を備え、敵対者に目的達成のコストを認識させることによって、敵対者に攻撃的行動を自制させること）である。

（2）抑止の限界

抑止の限界としては、以下のことが考えられている。

・敵対者を特定できない場合には、抑止する側が威嚇として何が有効かを判断することが困難となり、抑止のための威嚇を準備することができない。

・抑止する側は敵対者の意図や反応の予想を行う上で、敵対者の考え方と行動様式に関する深い知識が必要であるが、敵対者を特定できない場合には、こうしたことは困難である。

・敵対者が抑止する側にとって合理的と考えられる判断をすることが常に期待できるとは限らない。

（3）我が国防衛のための抑止力

我が国は、基盤的防衛力構想に基づき整備される防衛力を拒否的抑止力として、米国の機動打撃力等を懲罰的抑止力とし、その平和と安全を確保してきた。また、核抑止については、我が国は非核三原則等により一切の核兵器を保有しないこととしている。

このような我が国防衛のための抑止力の考え方が、今日でも実効性を持ちうるのか否か検討が必要であることから、我が国を取り巻く安全保障環境、基盤的防衛力構想の取扱い、我が国が保有すべき防衛力などについて、今回検討を行った。

3　安全保障環境

（1）国際情勢

①全般

冷戦終結後既に10年以上が経過し、国家間の相互依存関係が深化・拡大しつつあり、安全保障上の問題に関する国際協調・協力の進展などにより、冷戦時代に想定されていたような世界的な規模の武力紛争が生起する可能性は、一層遠のいている。

他方、9・11テロのように、国家間の軍事的対立だけでなく、国際テロ組織などの特定困難な非国家主体による活動が安全保障上の重大な脅威として注目されている。また、大量破壊兵器や弾道ミサイル等の統治面などで問題のある国家への拡散・移転が進み、非国家主体が取得、使用するおそれも高まっている。

さらに、領土、宗教等に起因する種々の対立が表面化、先鋭化する傾向にあり、複雑で多様な地域紛争が発生している。加えて、軍事的対立に止まらず、テロ活動、海賊行為等の各種不法行為や緊急事態などが安全保障上重要な問題となっている。これらの新たな脅威や平和と安全に影響を与える多様な事態（以下「新たな脅威や多様な事態」という。）への対応が各国及び国際社会にとって差し迫った課題となっている。

こうした状況のもと、国家間紛争の防止には、抑止力の維持は引き続き重要であるが、国際テロ組織等非国家主体や統治面等で問題のある国家は、その行動に際して常に合理的な判断を期待できず、また、多様な事態については、冷戦時代に想定されていた本格的な侵略事態とはその形態等が異なるため、従来の抑止の考え方が必ずしも有効に機能し得ないものとなっている。

②各国の対応

このような状況において、国際的な安全保障環境の安定を図ることは、各国の共通の利益となっており、各国は安全保障上の問題解決のため、軍事力を含む各種の手段を活用し、諸施策の連携と国際的な協調の下、幅広い努力を行っている。この中で、軍事力の役割は多様化し、抑止・対処との役割に加え、国内外の安全保障環境安定化のため、平素から多様な場面で積極的に活用されるに至っている。

（2）我が国周辺地域の情勢

我が国周辺地域では、二国間及び多国間の連携・協力関係の強化が図られてきており、引き続き、我が国の着実な防衛努力と日米安保体制の実効性が確保されれば、我が国への本格的な侵略事態が生起する可能性は低下している。

他方、我が国周辺地域は、民族・宗教・政治体制などで多様性を有するとともに、複数の主要国が存在し、利害が錯綜する複雑な構造を有し、統一、領土問題や海洋権益をめぐる問題も存在している。また、この地域の多くの国々では、軍事力の拡充・近代化が行われてきている。

このように我が国周辺地域の情勢は、NATO、EUの拡大等を通じて一層の安定化が進んでいる欧州の安全保障環境とは大きく異なることに留意する必要がある。

（3）科学技術の飛躍的発展

情報通信技術等科学技術の進歩は、戦闘力の飛躍的な向上といった軍事力の変革をもたらし、旧来の装備では戦闘に支障が生じる状況も現出しつつある。今後こうした傾向はますます加速する可能性があり、各国の防衛戦略にも大きな影響を与えるとともに、装備体系等の見直しを迫るものとなる。

（4）我が国の特性

我が国は、ユーラシア大陸の大国と近接しており、戦略上の要衝に位置している。また、細長い弧状の列島からなり、奥行きに乏しく、長大な海岸線と本土から遠く離れた多くの島嶼を有している。このような地理的な特性の下、狭隘な国土に多数の人口を抱え、特に都市部に産業・人口が集中、経済の発展に不可欠である重要施設が沿岸部に多数存在するなど、地勢面において安全保障上、特に配慮すべき脆弱性を抱えている。

また、市場主義、自由貿易体制などの経済システムに基盤を置く我が国の繁栄、発展のためには、国際的な安全保障環境の安定が不可欠である。

（5）防衛庁・自衛隊を取り巻く環境

近年、自衛隊に求められる任務は多様化し、拡大するとともに、武力攻撃事態等への対処に関する法制の整備等、緊急事態への対処に関する制度の整備が進められている。一方、防衛庁・自衛隊を取り巻く環境は、厳しい経済財政事情、自衛官の採用に適した若年人口の減少傾向など全般的に厳しく、この中で国内外の安全保障環境の安定化のため、いかにその役割を果たすかということがより問われるようになってきている。

4　基盤的防衛力構想の見直し

基盤的防衛力構想については、我が国周辺地域の動向を踏まえると、我が国に対する侵略を未然に防止するため一定の有用性を有しているが、安全保障環境が大きく変化しており、今日の安全保障環境に適合するように見直すことが必要である。

（1）事態への有効対処の重要性

基盤的防衛力構想は、防衛上必要な各種の機能を備え、後方支援体制も含めてその組織及び配備において均衡のとれた態勢を保有することを主眼とし、存在することによる抑止効果を最も重視している。しかしながら、我が国に対する新たな脅威や多様な事態は、事前の兆候なく発生する可能性があり、従来の存在することによる抑止が必ずしも有効に機能しない。このため、我が国の防衛力は即応性や機動性をもって、各種事態に有効に対処し、被害を極小化することが最も求められており、新たな防衛構想については、事態に有効に対処する能力をより重視することが必要である。

（2）国際社会の相互依存関係の進展

基盤的防衛力構想は、国際情勢の対立的構造を前提とする「力の空白論」に依拠しているが、現在、国際社会では平和と安定に向けた協力を推進する動きが定着し、各国は安全保障面・経済面などで、多国間及び二国間の関係を深化させ、重層的で複雑な関係を持つに至っている。新たな防衛構想については、国際情勢の対立構造よりも、相互依存関係をより重視することが必要である。また、このような中、我が国もまた国際社会の平和と安定のために主体的かつ積極的に取り組むことが重要となっている。

5　日米安保体制を基調とする米国との協力関係並びに関係諸国・国際機関との協力

日米安保体制については、新たな安全保障環境の下、新たな脅威や多様な事態への対応を含む我が国の安全保障の確保や我が国周辺地域における平和と安定の確保のための役割を果たし続ける。また、こうした役割のみならず、両国の協力関係は、自衛隊の海外での活動をみても明らかなように、よりグローバルな観点も踏まえた国際社会の平和と安定のための取り組みにも重要な役割を果たすこととなる。このような中、今後の防衛力は、我が国の果たすべき役割について、例えば、新たな脅威や多様な事態への対応に際しての我が国の対処能力の保持の在り方を含めて、日米間における適切な役割分担を明らかにすることにより、日米安保体制の実効性を高めることが重要である。

さらに、我が国を含む国際社会の平和と安定のため、米国との協力関係とあいまって、ＡＳＥＡＮ地域フォーラムなどの関係諸国との二国間・多国間の安全保障に関する対話・協力の推進や国連等の国際機関の諸活動における協力を推進する。

6　新たな防衛構想

（1）防衛構想の前提となる今日の安全保障の考え方

我が国の安全保障の目的は、我が国の平和と独立を確保し、その繁栄を維持、発展させることであり、新たな安全保障環境の下、我が国として、安全保障上の問題に的確に対応し、危機に強く、国民が安全に安心して暮らせる国家を実現する必要がある。

また、今日の安全保障上の問題は一国のみでの解決が困難であり、同盟国をはじめとする国際社会における協調・協力がこれまで以上に必要とされていることを踏まえ、我が国の平和と独立の前提となる国際社会の平和と安定のため、我が国としても、主体的・積極的に取り組む必要がある。

その際、今日の安全保障上の問題には抑止が困難なものもあり、総合的対応が必要であり、政府として、日米安保体制を基調とする米国との協力、関係諸国や国連等の国際機関との協力の下、外交努力の推進、防衛力の効果的な運用を含む諸施策の有機的な連携により、迅速かつ的確な対応を行うことが重要である。

（2）多機能で実効的な防衛力の構築

新たな防衛構想については、我が国に対する本格的な侵略事態が生起する可能性はほとんどないとはいえ、我が国に対する侵略事態を未然に防止するため、周辺地域の動向を踏まえ、抑止効果を目的とした防衛力を引き続き保有することは必要であるが、「より機能する自衛隊」として、今日の安全保障上の重大な課題である新たな脅威や多様な事態に対して有効に対応し得る防衛力を保有し、整備・維持・運用することをより重視すべきである。また、防衛力については、我が国の平和と安全をより確固たるものとするため、米国との協力、関係諸国や国連等の国際機関との協力の下、我が国の国益や特性を踏まえて、主体的かつ積極的に国際社会の平和と安定を確保するための活動（以下「国際活動」という。）に取り組むことも必要である。

現在及び今後の安全保障環境の下では、このように防衛力が多様な段階・局面に機能することが求められ、実際に起こり得る各種事態に対して、即応し、機動的かつ柔軟に運用され、実効的に対応できることが必要である。すなわち、我が国としては、このような多機能で実効的な防衛力をもって、我が国の平和と安全を確保することが必要である。

なお、基盤的防衛力構想では政治的なリスクがあるとされていたが、各種事態に実効的に対応するという多機能で実効的な防衛力の特質を踏まえれば、このような政治的なリスクを極力小さくすることが必要である。また、起こり得る事態に対する防衛力の対処能力について整理することにより、内閣が政治的リスクを把握し得るようにする。

7　国際活動の位置付け

我が国としては、国際活動について、我が国の平和と安全をより確固たるものとするため、主体的かつ積極的に国際活動に取り組むという、能動的な位置づけを与えることが必要である。

8　防衛体制の基本

多機能で実効的な防衛力を実現する防衛体制の基本は、以下のとおりである。

（1）統合運用の強化

陸・海・空三自衛隊を有機的、一体的に運用し、自衛隊の任務を迅速かつ効果的に遂行するため、統合運用体制を強化する必要がある。多機能で実効的な防衛力は、このように陸・海・空各自衛隊の部隊が統合運用されることにより、その能力を発揮することができる。このため、防衛庁長官の指揮命令について新統合幕僚長を通じて一元的に実施する体制を構築するため、中央組織や人的・物的資源配分について抜本的に見直すこととする。具体的には、まず、平成17年度の統合幕僚監部（仮称）の創設、各幕の改編を嚆矢とする。また、統合幕僚監部は、各幕僚監部に対して、統合運用に関する防衛力整備「指針」を発する等してリーダーシップを発揮する体制を確立するものとする。また、統合運用の実効性を確保するため、統合幕僚監部は、長官直轄化され庁の中央情報機関となる情報本部とも密接に連携する。

（2）情報機能の強化

多機能で実効的な防衛力を機能させるためには、高度な情報能力の保有とその十分な活用が不可欠であり、情報能力は、単なる支援的要素ではなく、防衛体制の基本の一つとして位置づけることが適当である。このため、戦略環境や技術動向等を踏まえた高度で多様な情報収集能力や総合的な情報分析・評価・共有能力を充実させるなど、情報機能を抜本的に強化するものとする。

（3）科学技術の飛躍的発展への対応

情報・科学技術の進歩に伴う「軍事力の革命」につき、我が国の防衛力に的確に反映させることが必要であり、具体的には、作戦スピードの加速、統合・ネットワーク化による戦力発揮、戦場認識能力及び精密攻撃能力の強化、無人化、省人化、効率的な兵站管理などについて、積極的に導入し、自衛隊のＲＭＡ（軍事革命）を推進する。

（4）人的資源の最大限の活用

防衛力の整備・維持及び運用にあたっては、部隊における人員の養成・管理を徹底するとともに、将来体制移行にあたり、特定の部隊の合理化を図りつつ、強化する部隊に定数を充当する方策を追求し、体制・業務全般を見直し、貴重な人員を最大限活用する。

（5）関係機関や地域社会との協力

我が国の安全保障は、防衛庁・自衛隊のみで確保できるものではなく、我が国の総力をあげて確保していくべきものである。特に、新たな脅威や多様な事態に的確に対応するには、従来以上に、関係機関や地域社会を含む総合的な対応が必要となっている。

9　**保有すべき防衛体制**

多機能で実効的な防衛力が構築する防衛体制は、以下のとおりである。

（1）新たな脅威や多様な事態に実効的に対応する体制

新たな脅威や多様な事態とは、例えば、大量破壊兵器や弾道ミサイルによる攻撃、テロ攻撃、ゲリラや特殊部隊による攻撃、島嶼部への侵略、サイバー攻撃、テロ活動や工作員・工作船活動などをはじめとする各種の不法行為、大規模・特殊な災害をはじめとするものである。これらに実効的に対応するため、部隊の即応性、機動性を一層高め、統合運用を基本として柔軟に運用できるものとするとともに、その部隊の特性に応じて集約又は分散した編成・配置とする。

以上を踏まえた、各自衛隊の主要な体制は以下のとおりである。なお、各自衛隊の具体的な体制については、次項11において詳述する。

陸上自衛隊については、普通科を中心に強化を図り、その際、戦車や火砲等を削減することとし、これにより、事態に実効的に対応し得る編成・装備となるような体制を確立する。また、各種事態が生起した場合に事態の拡大防止等を図るため、各地域に配備する作戦基本部隊（師団・旅団）が保持するには非効率である機動運用部隊や各種専門部隊等を中央で管理運用し、一元的な指揮の下、事態発生時には各地に部隊等を提供する中央即応集団（仮称）を創設する。

海上自衛隊については、部隊の即応性・柔軟性を確保するため、固有の部隊編成を見直し、フォースユーザー・フォースプロバイダーの概念を徹底する。また、修理・補給等の基地支援機能（いわゆるフォースサポーター）を確保する。

航空自衛隊については、警戒監視・情報収集能力の強化、機動運用のための輸送力の強化及び対地精密攻撃能力の向上を図るとともに、現在の安全保障環境を踏まえ、戦闘機部隊を適切に配置する。

また、弾道ミサイル防衛については、統合運用の下、対処態勢の整備に努めることとし、政策、運用、技術面での日米協力の推進、将来構想の策定、法制面、武器輸出三原則等との関係の整理等を進めていく。

さらに、無人偵察機については、陸・海・空三自衛隊における無人偵察機の在り方について、総合的な検討を行う。

（2）国際活動に主体的・積極的に対応する体制

我が国として、紛争の予防、平和維持、さらには、復興等の国づくりに至るまで、幅広い視観点から、安全保障を考えていくことが必要である。このため、平素から安全保障対話・協力、防衛交流の推進、軍備管理・軍縮分野の諸活動への協力等も行うことにより、我が国を含む国際社会の安全保障環境の安定化に努める必要がある。

このような考え方の下、今後の防衛力については、国連をはじめとする国際的な協調の下に実施される、国連平和維持活動、国際的なテロリズムの防止と根絶や大量破壊兵器の拡散防止に向けた国際社会の取り組みへの協力、国際的な人道復興支援などの国際活動を的確に行うため、統合運用を基本として、輸送能力等の向上など、即応性、機動性、柔軟性を確保し、必要とされる地域に部隊を迅速に派遣し、継続的に活動を行い得る体制を確保する。

以上を踏まえた、各自衛隊の主要な体制は、以下のとおりである。

陸上自衛隊については、国際活動において、人的な支援活動の中心的な役割を果たすこととなるが、一定規模の部隊を迅速に派遣できる体制を新たに整備するとともに、教育部隊の創設を含め継続的に派遣できる体制を確立する。また、国際活動に一次派遣する要員については、各方面隊のローテーションにより待機するものとする。

海上自衛隊については、国際活動に即応し、かつ持続的に対応し得る護衛艦をはじめとする部隊の体制を確立する。

航空自衛隊については、C－Xの導入や空中給油・輸送機の機数を増やすことにより、輸送力を強化する。

（3）本格的な侵略事態に備える体制

見通しうる将来において、我が国への本格的な侵略事態が生起する可能性はほとんどないと判断される一方、防衛力の整備が一朝一夕になし得ないものであることに鑑み、周辺諸国の軍備動向に配意するとともに、技術革新の成果を取り入れ、将来の予測し難い状況変化に備えるため、本格的な侵略事態に対処するための最も基盤的な体制を確保する。

但し、前述の（1）及び（2）の体制と、（3）の体制については、一つの防衛力を多面的にとらえたものであることに留意することが必要である。

10　各自衛隊の具体的な体制

各自衛隊の具体的な体制について詳述すれば、以下のとおりである。

（1）陸上自衛隊の将来体制

現大綱において、陸上自衛隊は、編成定数を18万人から16万人とし、師団・旅団に即応予備自衛官を導入することなどにより、平時に低充足であった部隊の充足と練度を高めるとともに、戦車・特科装備を縮減する一方、機動力の向上に努めるといった体制移行を行うこととし、16年度までに概ね計画の6割程度を実施してきている。これは、諸情勢の変化等を踏まえ、我が国防衛（着上陸侵攻対処）のための戦力を合理化、効率化、コンパクト化するとの観点から行われてきたものである。

現在、9・11テロにみられるとおり、我が国を含めた安全保障環境は更に大きく変化している。具体的には、これまで防衛力の設計上念頭においていた着上陸侵攻についてはその対処までに数ヶ月以上のウォーニングタイムがあると見込まれていたが、現在我が国が直面している新たな脅威や多様な事態（弾道ミサイル攻撃、サイバー攻撃、大規模・特殊な災害、ゲリラ・特殊部隊による攻撃、島嶼部への侵攻など）については、数分～数日間といった時間で対処しなければならないほどの高い即応性が求められており、陸上自衛隊としてもこれら事態への対処に万全を期さなければならない。

現大綱で想定していた我が国に対する本格的な侵略を専ら念頭においた防衛力の設計では、これらの高い即応性を求められる事態への対応は困難と考えられることから、これまでの陸上自衛隊の設計を見直し、新たな防衛力の設計に転換する必要がある。

また、統合運用における実効的な陸上部隊の指揮階梯（方面管区制の是非、陸上総隊の導入の可否の検討）について、統合運用の成果を踏まえつつ、統合幕僚監部と連携して検討する。

①新たな脅威や多様な事態への対応

ア　対機甲戦から対人戦闘への防衛力設計の重点のシフトと部隊の配備　新たな脅威や多様な事態においては様々な様相が考えられ、例えばゲリラや特殊部隊による攻撃事態の際には、普通科等の戦闘部隊を中心としつつ、情報収集のための偵察部隊や航空科部隊、NBC対応のための化学科部隊と一体となった対応が必要である。このため、これからの陸上自衛隊の作戦基本部隊である師団・旅団については、必要な各種機能を保持しつつ普通科部隊等に重点を置く低強度紛争に有効に対処し得る設計（LICタイプ＝即応近代化作戦基本部隊）とすることを基本とし、LICタイプであっても、島嶼部が多く重装備の運用に適さない沖縄に配備する部隊においては戦車は保持しないなど島嶼部の防衛に適したものにするほか、政経中枢の防衛警備を担当する第1師団（練馬）・第3師団（千僧）については隷下の普通科部隊を更に強化するなど地域の特性等に応じた防衛力の設計を行う。

こうした防衛力設計の重点のシフトに伴い、戦車の保有数を大幅に削減するとともに、火砲、対戦車ミサイル、地対艦誘導弾についても、その機種統合等により、保有数を大幅に削減する。他方、輸送ヘリコプターや指揮通信機能、個人装備の充実を図る。また、平成9年度より甲類装備品（火砲、戦車など）を抑制して、新たな脅威や多様な事態に実効的に対応するために不可欠な装備品である車両、無線機、戦闘装着セットなどの乙類装備品の充足の向上を図っているところであり、引き続きこの方向を推進する。さらに、防衛庁としての無人偵察機の在り方の検討の中において、陸上自衛隊の無人偵察機の体制について検討する。なお、米軍の供与品を含め古い装備品については、その更新を積極的に推進する。

イ　機動運用能力、各種の事態に対処しうる専門能力の向上　各種事態が生起した場合に事態の拡大防止等を図るため、各地域に配備する作戦基本部隊（師団・旅団）が保持するには非効率である機動運用部隊や各種専門部隊等を中央で管理運用し、一元的な指揮の下、事態発生時には各地に迅速に戦力を提供する中央即応集団（仮称）（規模：４０００人ないし５０００人）を創設する。

また、大量破壊兵器であるＮＢＣ兵器は、使用された場合、大量無差別の殺傷や汚染が急速に進展することが予想され、こうした事態が拡大することを迅速に防止することが必要であるため、第１０１化学防護隊を中央即応集団の隷下部隊として置くこととし、同部隊に現在欠落している生物兵器対処能力を補うことなどにより機能強化を図るほか、各地における事態拡大防止のための即応戦力として緊急即応連隊（仮称）を創設する。

なお、初動対処の観点から、師団・旅団においても、現在欠落している生物兵器対処能力を補うなどして、ＮＢＣ対処能力を強化する。

また、（１）警備区域の地理的位置、（２）重要施設の分布状況、（３）首都圏等重要地域への進出の容易性等を考慮して、事態の拡大防止戦力として、地域配備部隊の一部は必要に応じて全国機動する。例えば、北部方面隊の部隊には、平素は地域警備任務を担わせつつ事態生起の際は必要に応じて転用する。

ウ　先端技術への取り組み　飛躍的に進歩している軍事科学技術や戦闘様相の変化に的確に対応するためには、作戦基本部隊である師団・旅団の改革を不断に進める必要がある。このため、演習場の面などから良好な訓練環境を持つ第2師団（道北）においては各種指揮統制システムを活用して戦車や火砲等を総合的に用いた部隊実験や装備改善、戦技研究等を実施する。また、首都圏に接する第6師団（南東北）においては、政経中枢など都市部における戦闘や対人戦闘などに対し、各種指揮通信システムなどを活用しつつ有効に対処し得る未来型個人装備等を駆使し得るよう、首都圏への機動運用も念頭に置き、部隊実験や装備改善、戦技研究等を実施する。なお、部隊実験等の結果は他の部隊に普及させるとともに、今後の研究開発に反映させる。

②国際活動への対応

国際社会のニーズに応じて自衛隊の迅速な国際活動への派遣ができるような体制（安保理決議採択後30日（複雑な平和維持活動の場合は90日）以内での派遣）を構築する。

国際活動に主体的かつ積極的に取組むため、人的支援活動の中核である陸自において、一定規模の部隊を迅速に派遣できる体制を整備する。

ア　中央即応集団・教育専門部隊（国際活動教育隊＝（仮称））　これまで4～6ヶ月を要していた派遣準備期間を短縮し、ブラヒミレポートにおいて提言されている安保理決議採択後30日（複雑な平和維持活動の場合は90日）以内の迅速な派遣を可能とする体制とするため、現状では個々の派遣の都度、陸幕と各方面隊との間で個別に計画や訓練などを行ってきたものを、今後は中央即応集団司令部に国際活動の計画・訓練・指揮を一元的に担任させるとともに、派遣要員の平素の教育訓練やPKO対応装備品の管理、ノウハウの蓄積等を行う国際活動教育隊（仮称）を創設する。

イ　派遣部隊の保持要領　今後の国際活動については、普通科部隊や施設科部隊などの派遣する要員をローテーションにより待機させるものとする。具体的には、各方面隊の特性等を踏まえ、北部方面隊を中心としたローテーションとする一方、政経中枢及び島嶼部の防衛警備を担当する部隊はローテーションの緩和を考慮する等、各種事態が生起した場合の対応にも配意したローテーションを構築する。

③従来陸上防衛力の希薄であった地域（南西諸島・日本海側）の態勢強化

沖縄本島は九州から約５００km離れ、沖縄本島から最南西端の与那国島までは約５００kmに渡り多数の島嶼が広がっている。また、南西諸島は近傍に重要な海上交通路や海洋資源が所在する戦略上の要衝となっている。海上交通路を確保するためには、南西諸島の防衛態勢を強化し、島嶼部への侵略等の多様な事態に的確に対処できる体制を構築することが必要である。このため、統合運用の観点から3自衛隊の横断的な取り組みに留意しつつ、陸上自衛隊においても取り組みを行う。

また、陸上防衛力が相対的に希薄な日本海側におけるゲリラや特殊部隊による攻撃等への迅速な対応を期すべく防衛態勢の強化を行う。

ア　第1混成団の旅団への改編　南西諸島の防衛態勢強化の観点から、第1混成団を旅団に改編する。同時に、軽装甲機動車を増強するなどして機動力の向上を図る。また、島嶼部への侵略等の際に機動的に展開する部隊として西部方面普通科連隊を保持するとともに、島嶼部における情報収集・処理能力を向上させる。

イ　日本海側の態勢の強化　日本海側に面して所在する旅団の普通科部隊の人員増強、狙撃銃の配備のほか、軽装甲機動車・高機動車の増強による機動力強化を図る。また、ヘリ部隊の配置などを行う。

④北部方面隊の新たな意義・位置付け

新たな安全保障環境に対応し、北海道については、冷戦時代の北方重視構想から脱却する一方、他地域とは異なる良好な訓練環境等を踏まえて、青函以南の師団・旅団よりは規模の大きい部隊を配置し、多目的に活用することとする。具体的には、科学技術の進歩に対応してRMAを推進していくことが急務となっていることから、RMAを主導するための実験師団を配置する。次に、発生時期・場所の予測が困難であるゲリラや特殊部隊による攻撃、大規模災害等の新たな脅威・多様な事態への対処に際しては、防護すべき重要施設や人口密集地の分布等に鑑みれば青函以南の備えが重要であるため、必要な場合には北部方面隊の隷下部隊を青函以南に転用するなど、新たな脅威や多様な事態に北部方面隊を積極的に活用して対処する体制を構築する。さらに、我が国防衛と並ぶ重要な任務である国際活動についても、北部方面隊隷下部隊については、高練度の人員や充実した装備（例：96式装輪装甲車）を保有するなど、その特性を活用してイラク復興支援群における第一次・第二次派遣隊となっていたところであるが、今後、国際活動に派遣する部隊については こうした特性に鑑み、北部方面隊を中心としたローテーションにより、待機する体制を構築する。

我が国に対する本格的な侵略事態生起の可能性が低下していることを踏まえ、戦車の数量については大幅に規模を縮小することとしているが、将来の予測し難い情勢変化に備えるため、高い機動力・火力等を生かして敵に打撃を与えるという機甲に関する各種戦闘機能に関する専門的知見や技能を最低限維持し得る基盤を保有することが必要である。また、諸外国、特に、米英独露中などでは、その規模は一様ではないが、3個連隊規模の運用を行う機甲師団を維持し、運用能力を保持していることにも着目することが必要である。このようなことから、第7師団については戦車の数量については削減するが引き続き師団として保持する。

⑤陸上自衛隊の編成定数

陸上自衛隊の編成定数については、以下のような見直しを行い、編成定数を16・2万人とし、その内訳は常備自衛官を15・2万人、即応予備自衛官を1万人とする。

・主として着上陸侵攻対処を念頭に置いた戦車及び特科の装備を削減するとともに、対戦車火力、迫撃砲等についても装備の目標数を大幅に下方修正し、これらの装備に関連する人員の合理化を図る。

・新たな脅威や多様な事態への対処の中核となる普通科の組織編成を着上陸侵攻対処型から対人戦闘型に改編するとともに、国際活動への取り組みを強化するため所要の人員を確保する。

・即応予備自衛官については、新たな脅威や多様な事態のうち、比較的リードタイムのある事態などにおいては、常備自衛官を補完する戦力として引き続き有効であるが、今後の陸上防衛力の重点である新たな脅威や多様な事態に迅速に対処するには制約があることも踏まえ、その定数を5000人下げ、1万人とする。

（2）海上自衛隊の将来体制

①護衛艦部隊

ア　機動運用部隊　護衛艦部隊については、修理・個艦練成段階→部隊練成段階→即応段階B→即応段階Aの練度管理サイクルを基本として編成する。機動運用部隊の基本単位については、新たな脅威や多様な事態にも対応可能な艦種の組み合わせを念頭におき、事態が長期化した際のローテーション等にも考慮して、柔軟に部隊を編成することを基本とし、ヘリ運用を重視したDDHを中心とするグループ（DDH×1、DDG×1、DD×2）とBMD対応を含む防空を重視したDDGを中心とするグループ（DDG×1、DD×3）を基本単位とする。

長期化した任務を持続的に実施するため、即応段階Aと即応段階Bに4個基本単位（計16隻）をおくことにより、国内任務と国際任務をそれぞれローテーションにより対応することが必要。これに練度管理サイクルを勘案すると、機動運用部隊所要として32隻が必要（内訳は、DDH×4、DDG×8、DD×20）。

イ　地域派出部隊　機動運用部隊は担当地域を持たない部隊であるため、沿岸海域において常続的な警戒監視を実施し、突発的事態が生起した場合には初動対処し得る護衛艦部隊が必要である。このため、地域特性を十分に把握した地方総監が、護衛艦隊司令官から派出される護衛艦部隊を運用する。

武装不審船事案等の突発的事態に即応し、効率的に対応するためには少なくとも高練度艦2隻が必要であり、各地域への派出は高練度艦2隻を基本とすることが適当である。ただし、現在の安全保障環境を踏まえれば、太平洋側に面した2警備区においては、東シナ海、日本海側の警備区に比して突発的な事態が生起する蓋然性は低いと考えられるため、日本海・東シナ海側に面した3個警備区（佐世保、舞鶴、大湊）には常時高練度艦を各2隻、太平洋側の2個警備区（横須賀、呉）には可動艦を常時2隻ずつ（うち1隻は高練度艦1隻）を派出し得る体制とする。練度管理サイクルを踏まえると、各警備区への派出には護衛艦計18隻が必要。

②潜水艦部隊

潜水艦は、隠密性、長期行動能力を有し、万一の我が国への侵攻に極めて有効に対処し得る装備であり、その特性を生かした情報収集手段としても有効である。今後は、現在の安全保障環境を踏まえ、我が国周辺海域における新たな脅威や多様な事態に係る兆候をいち早く察知し得るような情報収集等を実施できるようにするため、必要な場合に、我が国周辺の東シナ海、日本海における海上交通の要衝や重要港湾、基地周辺等の6正面に常時潜水艦1隻を配備し得るよう、往返所要日数、作戦可動率等を考慮し、16隻が必要。

また、島嶼部への侵攻を阻止するため、又、島嶼部が占領された場合には奪回部隊に対する敵水上艦艇及び潜水艦の接近を阻止するとともに、事態の地理的拡大を防止するため、主として列島線に沿って必要な潜水艦を配備し得るための所要として、少なくとも16隻が必要。

③掃海部隊

機雷は安価でありながら破壊力が大きく費用対効果が高いこと、また、専用艦艇を使用しなくても敷設が可能であることから、今後テロリストによる非対称戦に使用される可能性も十分に考えられるほか、引き続き国際的な武力紛争等に使用される可能性が考えられる。このため、対機雷戦能力については、現下の安全保障環境においても依然として重要。

現行の掃海部隊は、我が国の生存に不可欠な海上交通の安全を確保するために最低限必要な体制であること、91年にペルシャ湾に派遣したように今後も国際活動への掃海部隊の派遣が考えられることから、引き続き機動運用部隊（3個隊9隻）と地域配備部隊（6個隊18隻）による現体制（掃海艦艇27隻）を維持することが必要。

④補給艦部隊

常時即応態勢にある2個護衛隊群に対する補給支援、又は常時即応態勢にある1個護衛隊群及び常時即応態勢にある掃海隊群の1個掃海隊に随伴する掃海母艦1隻に対する補給支援に対応し得る体制とする。このため、補給艦5隻体制を維持する。
⑤輸送艦部隊
国内における大規模災害派遣等の任務及び国際平和協力業務、国際緊急援助活動等への協力等に対応するため、常時輸送艦2隻を可動状態（うち1隻は即応態勢）で維持し得るよう、おおすみ型輸送艦3隻体制を維持する。
⑥固定翼哨戒機部隊
平時において我が国周辺の警戒監視態勢や、周辺事態及び島嶼部への侵略事態への対処をも想定し、所要機数を算定。〔次期固定翼哨戒機の導入による能力向上を加味〕
ア　平時（警戒監視）　警戒監視、国際活動（PSI等）、即応待機、要務（救難・災派・調査観測等）、訓練に必要な可動機数に、可動率・在隊率を勘案し、58機
イ　周辺事態（船舶検査活動）　警戒監視、常時オンステーション、即応待機、要務、訓練に必要な可動機数に、可動率等を勘案し、62機
ウ　局地・限定侵攻事態（島嶼部への侵略対処）　警戒監視、常時オンステーション、即応待機、要務、訓練（最低限の規模で実施）に可動率等を勘案し、65機
また、教育所要については、従来の実用機課程による新人教育に加え、練習機により実施していた基礎教育を実用機によって実施する。このため、教育所要として10機が必要。以上の各種事態における所要機数を勘案した結果、作戦用65機、教育用10機の計75機が必要。
⑦回転翼哨戒機部隊
今後、地域派出の護衛艦にヘリ搭載可能なDDの派出が進行すること、哨戒ヘリを護衛艦に搭載することにより、多様な事態に多目的に活用し得ることを踏まえ、陸上配備部隊（5個隊）と艦載部隊（4個隊）を

5個航空隊に統合し、各定係港近傍の航空基地に配備する。1個護衛隊群の所要（可動機6機）と地方隊の所要機数（地域派出護衛艦の隻数に対応し、可動機3機又は4機。）を前提に、搭載可能率（哨戒ヘリを所要時に護衛艦に搭載することが可能である確率）及び在隊率を考慮して、所要として80機が必要である。（このほか、教育所要として9機を保有。）

⑧回転翼掃海・輸送機部隊

掃海所要については、現状と同じく可動機3機が必要。輸送所要については、護衛艦部隊の即応態勢の強化及び国際活動への対応の所要の増加を踏まえ、機動水上艦艇部隊に対する輸送支援として2機（1機増）、掃海母艦に対する輸送支援、固定翼機の離発着不可能な陸上基地間の輸送支援については現状と同じく各1機ずつ、計4機の可動機が必要。計7機の可動機を確保するため、新機種による可動率の向上を勘案し、11機が必要。

（3）航空自衛隊の将来体制

航空自衛隊は、現大綱策定時に、東西冷戦の終結という国際環境の変化及び我が国周辺の航空活動の変化を踏まえ、それまでの冷戦を前提とした体制を見直し、既に冷戦後を踏まえた体制への移行を完了している。こうした状況下、戦闘機部隊については、現大綱策定以降の緊急発進状況や、新たな脅威や多様な事態へ対応していくことを踏まえると、現体制を維持する必要がある。

他方、自衛隊に対する国際社会のニーズや期待に的確に応えるとともに、主体的・積極的に国際活動に取り組むための航空輸送体制の充実を図る必要がある。さらに、近年の科学技術の発展はめざましく、こうした状況も踏まえつつ、航空防衛力の見直しを推進していく必要がある。

①戦闘機部隊

ア　戦闘機の配置等　島嶼部への侵略等新たな脅威や多様な事態に迅速に対処するとともに、周辺諸国の状況の変化も踏まえて、質的・機能的な偏りを是正する。

イ　空対地攻撃機能の重視　空対地攻撃能力については、ゲリラや特殊部隊による攻撃、島嶼部への侵略といった新たな脅威や多様な事態に適切に対処するため、その高度化を図る。他方、航空機搭載弾薬については、適切な質的水準を保持するが、その備蓄基準については下方修正する。

ウ　作戦用航空機数の削減等　戦闘機については、現行の飛行隊定数（原則1個飛行隊18機）を維持するが、安全保障環境の変化を考慮し、18機を削減する。

エ　F－2の取得機数の削減　F－2の取得については、総取得機数の130機を約100機に見直すこととする。

②偵察機部隊

航空偵察部隊に関しては、地対空兵器技術、無人機技術及び偵察関連技術が進歩している状況も踏まえ、効率的な部隊への移行を図る。

偵察機については、偵察専任部隊を維持しつつも、その規模を縮小し、有人偵察機を14機保有する。ただし、取得情報のリアルタイム伝送化を図るとともに、無人機を積極的に活用することとする。また、今後、現有F－15を偵察機に転用し、その活用を図る。

③輸送機（空中給油・輸送機を含む）部隊

ア　我が国防衛のための所要　局地的、限定的な侵略事態において、必要な弾薬、整備器材等を短時間で空輸するためには、現有C－130×13機に加え、C－X×24機が必要である。また、空中給油・輸送機については、島嶼防衛などの事態を想定した場合、2個CAPポイントを常続的に維持するために、KC－767×8機が必要である。

イ　国際活動等のための所要　国際活動等のための所要に的確に対応するためには、我が国防衛のための所要により積み上げられるC－130×13機及びC－X×24機に加えて、KC－767×8機が必要である。

④航空警戒管制部隊

ア　レーダーサイト　弾道ミサイル探知能力を強化するため、FPS－XXを整備する。また、効率性のみならず、残存性確保にも資する可搬型レーダーについても整備する。

イ　移動レーダー、空中レーダー　移動警戒隊については、現在の体制を段階的に縮小する。空中レーダー（E－767、E－2C）については、引き続き探知能力等の向上を図るとともに、警戒管制機能を有する部隊（E－767）と警戒監視機能を有する部隊（E－2C）とに改編（2個飛行隊化）する。

ウ　指揮統制・通信機能　バッジ・システムを中核とする指揮統制・通信機能は、サイバー攻撃からの非脆弱性を確保することも含めて、優先して、その充実を図る。

⑤その他

ア　ペトリオットへの弾道ミサイル迎撃機能の付与　空自ペトリオット（地対空誘導弾部隊）に弾道ミサイル対処機能を付与する。また、機動運用能力の強化を図る。

イ　情報収集能力の強化　情報収集能力を強化するため、地上電波測定所の整備を推進する。また、現有YS－11EBの後継としての新型電波測定機を整備することが必要である。

ウ　基地防衛機能の強化　テロ、ゲリラ・特殊部隊による攻撃から航空基地等を防衛するための要領等について、研究、教導、評価するとともに、脅威が顕在化した場合における各基地の基地防衛能力の補完として機動的に運用する部隊（基地防衛教導隊（仮称））を新設する。また、テロ、ゲリラ・特殊部隊による攻撃や巡航ミサイル攻撃に対応した装備品（軽装甲機動車等）を取得する。

また、えん体については、仕様と整備計画を見直す。

エ　各種の効率化　F－15等の定期整備実施間隔を延伸し、在場予備機の一部を他用途に転用する。

オ　陳腐化による用途廃止　一部の航空機等については、耐用命数等による用途廃止時期が来る前に、機能の陳腐化を理由とする早期の用途廃止を追求する。

（4）予備自衛官等の在り方

様々な事態に対して有効に対応するためには、その所要を急速に満たせるように日頃から予備の自衛官を保持することは重要である。とりわけ、大規模災害の際の対処や武力攻撃事態等の際における国民の保護のための措置の実施にあたっては人的戦力が必要であると考えられ、責任感・気力・体力・規律心などを自衛隊で培った予備自衛官等が、これらの任務にあたることが期待される。このため、以下の施策により、必要な人員の予備自衛官等を確保するための実効的な制度を構築し、「より機能する自衛隊」の基盤を確保するものとする。

ア　即応予備自衛官、予備自衛官、予備自衛官補は、平素はそれぞれの職業などに就いており、必要な練度を維持するため、毎年仕事などのスケジュールなどを調整し、休暇などを利用して訓練などに応じている。即応予備自衛官、予備自衛官、予備自衛官補の勤続を促進するため、仕事等の都合に配意し、訓練参加できる機会を増やす工夫を講ずる。

イ　予備自衛官等の制度趣旨や訓練の状況に関する広報を行い、雇用企業等の理解が得られるように努める。

ウ　自衛官退職予定者、元自衛官に対する募集活動を積極的に推進する。

エ　防衛基盤の育成・確保を図るとの観点から、将来にわたり、予備自衛官の勢力を安定的に確保し、民間の優れた専門技術を有効に活用するため、予備自衛官補の採用を推進する。

11　防衛力整備に係る方針

近年の防衛力の情報化・ネットワーク化の進行などを背景に、正面・後方の事業区分は境界が曖昧となってきており、むしろ事業区分を厳格に適用することによる弊害が生じているほか、C4ISR関連事業など正面・後方を一体化して推進することが重要な事業が増加しており、限られた予算で効果的な防衛力整備を行うため、予算における正面・後方の2区分を廃止するとともに、予算編成過程の効率化を図る。

12 防衛力を支える諸施策の方向性

これまで、防衛力の在り方検討会議等の場を通じて、情報、情報通信、部隊運用、防衛生産・技術基盤、研究開発、人事教育、広報活動といった、防衛力を支える諸施策について、抜本的な変革を行うべく、今後のあるべき姿について検討を行ってきた。このような検討に基づく、具体的な方向性は以下のとおりである。

(1) 防衛力の中核的要素である情報機能の強化

情報機能はもはや支援的要素ではなく、防衛力の中核的要素の一つとして位置付けることが適当である。防衛庁としては、高度な政策判断に資するとともに、統合運用の強化に資する情報収集・分析能力の充実などにより、情報機能を抜本的に強化していくことが重要であることから、以下の施策を講ずる。

・空間情報、電波情報等の多様な収集体制の強化
・従来型の脅威に加え、新たな脅威や多様な事態等への分析・評価体制の強化
・配布、保全体制の強化、能力の高い情報専門家確保のための措置

(2) 統合運用の強化、国際活動等の新たなニーズに対応した情報通信基盤の整備

自衛隊における情報通信は、指揮中枢と各自衛隊の各級司令部、末端部隊に至る指揮統制のための基盤である。統合運用の強化、国際活動等への対応といった新たなニーズに対応することが極めて重要であるため、従来の陸海空自衛隊別の体制から、庁全体の、より広範・機動的な情報通信態勢へのシフトを図る必要があ

る。

このため、今後5ヵ年の「今後の情報通信政策（アクションプラン）」を策定し、以下の政策目標5本柱に従い、具体的事業を重点的かつ計画的に実現する。

・指揮命令ライン（縦方向）の情報集約・伝達の充実
・陸海空部隊レベル（横方向）の情報共有の推進
・サイバー攻撃対処態勢の構築
・国内関係機関（警察・海保等）、国外（米軍等）外部との情報共有の推進
・衛星通信等各種通信インフラの充実

（3）真に実効的な研究開発体制の確立

今後の研究開発体制を考えた場合、重点化する分野を選定するとともに、日本の優れた民生技術にも配慮する必要があるほか、技術戦略を提示する必要がある。

更に、研究・開発・配備の各段階において、最新の技術を取り込むとともに、同時に今後の防衛力の重視すべき事項を踏まえた運用側の要求を適切に取り入れていくため、新たな研究開発手法などの実現可能性を検討する必要がある。同時に、仮に研究開発に技術的な問題が生じた場合に事業を中止できる実効的な枠組みを整備する必要もある。

なお、研究開発した装備品を自動的に装備化することなく、研究開発終了時点で厳格な姿勢で臨むことが必要である。

このようなことから、現在の庁内の研究開発体制の問題点を洗い出し、研究開発の実施体制を見直す必要が生じており、以下の施策を遂行する。

・重点投資の実施（研究開発における「選択と集中」）

・防衛構想と研究開発の整合
・研究開発に当たっての官と民の役割分担の明確化
・研究開発に関する評価システムの検討
・技術研究本部の体制の在り方

(4) 装備品等取得の合理化・効率化、真に必要な防衛生産・技術基盤の確立

我が国の防衛生産・技術基盤について、その位置付け、重要性及び必要性について明確に説明を行い、将来の我が国防衛にとって真に何が必要であるか考え方を整理し、限られた資源をその分野に重点的に配分していくこと（「選択と集中」）が必要である。また、装備品等の調達・補給・ライフサイクル管理の抜本的な合理化・効率化を図る必要があるとともに、調達の透明性について担保しつつ、効率的に業務が行えるような調達機関のあり方についての検討が必要となっている。以上を踏まえ、以下の措置を講ずる。

・総合取得改革の推進
・装備品等の取得管理組織体制の検討

(5) より機能する自衛隊に必要な人材の確保

①自衛官に関する施策

「より機能する自衛隊」に転換し、統合運用を基本とする体制の下、新たな脅威や多様な事態、国際的な任務及び装備の高度化等に実効的に対応するため、従来にも増して、様々な状況に対応できる質の高い人材を確保・育成する必要性が高まっている。

また、厳しい雇用情勢の下、若年定年制及び任期制の隊員に対する再就職支援をさらに充実し、職業としての魅力化を図ることにより、質の高い人材を確保する必要性が増大しているところであり、このような点を踏まえ以下の施策を講ずる。

ア　様々な状況に対応できる人材を確保するための任用・退職管理の在り方
・広い視野と柔軟な判断力等を有する若手幹部の部隊等への積極的配置
・専門家集団たる准曹の活性化
・質の高い士の確保に係る検討
イ　統合運用や国際活動を踏まえた教育内容の充実、手法の改善
ウ　職業の魅力化の観点も踏まえた再就職支援
②事務官等に関する施策
自衛隊の隊務運営上の問題、人事管理上の問題を踏まえ、「より機能する自衛隊」の構築のためには、事務官等の在り方について抜本的な検討が必要な状況が生じている。今後の事務官等については、「高い専門性を備え意欲を持って効率的に行政事務分野について遺漏なきを期す」必要があり、以下の3項目の課題を設定し、各種施策の具体化に向けた作業に順次着手している。
・事務官等の位置づけと役割の整理・確立
・行政事務処理体制の効率化／既存の人材の効率的活用
・個々の事務官等の行政事務処理能力の向上
（6）新たな安全保障環境を踏まえた積極的広報体制の確立
国の平和と安全は、広く国民的基盤に立ち、国民各層の理解と支持があって成り立つものであり、国民各層の理解と支持を得るための広報活動が必要である。

自衛隊の任務の多様化等に伴う国民の防衛に対する関心が高まり、情報伝達手段の進展、多様化等の変化を踏まえ、広報の在り方についても見直す必要が生じてきているところであり、以下の施策を講ずる。
・積極的な広報体制の構築のための施策

・自衛隊と国民生活との接点の拡大のための施策
・広報活動における手段、対象の重点化
・自衛隊の活動の国際化に対応する広報

●日米同盟　未来のための変革と再編

２００５年10月29日

ライス国務長官　ラムズフェルド国防長官　町村外務大臣　大野防衛庁長官

Ⅰ　概観

日米安全保障体制を中核とする日米同盟は、日本の安全とアジア太平洋地域の平和と安定のために不可欠な基礎である。同盟に基づいた緊密かつ協力的な関係は、世界における課題に効果的に対処する上で重要な役割を果たしており、安全保障環境の変化に応じて発展しなければならない。以上を踏まえ、２００２年12月の安全保障協議委員会以降、日本及び米国は、日米同盟の方向性を検証し、地域及び世界の安全保障環境の変化に同盟を適応させるための選択肢を作成するため、日米それぞれの安全保障及び防衛政策について精力的に協議した。

２００５年２月19日の安全保障協議委員会において、閣僚は、共通の戦略目標についての理解に到達し、それらの目標を追求する上での自衛隊及び米軍の役割・任務・能力に関する検討を継続する必要性を強調した。また、閣僚は、在日米軍の兵力構成見直しに関する協議を強化することとし、事務当局に対して、これらの協議の結果について速やかに報告するよう指示した。

本日、安全保障協議委員会の構成員たる閣僚は、新たに発生している脅威が、日本及び米国を含む世界中の国々の安全に影響を及ぼし得る共通の課題として浮かび上がってきた、安全保障環境に関する共通の見解を再確認した。また、閣僚は、アジア太平洋地域において不透明性や不確実性を生み出す課題が引き続き存在していることを改めて強調し、地域における軍事力の近代化に注意を払う必要があることを強調した。この文脈で、双方は、2005年2月19日の共同発表において確認された地域及び世界における共通の戦略目標を追求するために緊密に協力するとのコミットメントを改めて強調した。

閣僚は、役割・任務・能力に関する検討内容及び勧告を承認した。また、閣僚は、この報告に含まれた再編に関する勧告を承認した。これらの措置は、新たな脅威や多様な事態に対応するための同盟の能力を向上させるためのものであり、全体として地元に与える負担を軽減するものである。これによって、安全保障が強化され、同盟が地域の安定の礎石であり続けることが確保される。

Ⅱ　役割・任務・能力

テロとの闘い、拡散に対する安全保障構想(PSI)、イラクへの支援、インド洋における津波や南アジアにおける地震後の災害支援をはじめとする国際的活動における二国間協力や、2004年12月の日本の防衛計画の大綱、弾道ミサイル防衛(BMD)における協力の進展、日本の有事法制、自衛隊の新たな統合運用体制への移行計画、米軍の変革と世界的な態勢の見直しといった、日米の役割・任務・能力に関連する安全保障及び防衛政策における最近の成果と発展を、双方は認識した。

1　重点分野

この文脈で、日本及び米国は、以下の二つの分野に重点を置いて、今日の安全保障環境における多様な課題に対応するための二国間、特に自衛隊と米軍の役割・任務・能力を検討した。

—日本の防衛及び周辺事態への対応(新たな脅威や多様な事態への対応を含む)

―国際平和協力活動への参加をはじめとする国際的な安全保障環境の改善のための取組

2　役割・任務・能力についての基本的考え方

双方は、二国間の防衛協力に関連するいくつかの基本的考え方を確認した。日本の防衛及び周辺事態への対応に関連するこれらの考え方には以下が含まれる。

二国間の防衛協力は、日本の安全と地域の平和と安定にとって引き続き死活的に重要である。

日本は、弾道ミサイル攻撃やゲリラ、特殊部隊による攻撃、島嶼部への侵略といった、新たな脅威や多様な事態への対処を含めて、自らを防衛し、周辺事態に対応する。これらの目的のために、日本の防衛態勢は、2004年の防衛計画の大綱に従って強化される。

米国は、日本の防衛のため、及び、周辺事態を抑止し、これに対応するため、前方展開兵力を維持し、必要に応じて兵力を増強する。米国は、日本の防衛のために必要なあらゆる支援を提供する。

周辺事態が日本に対する武力攻撃に波及する可能性のある場合、又は、両者が同時に生起する場合に適切に対応し得るよう、日本の防衛及び周辺事態への対応に際しての日米の活動は整合を図るものとする。

日本は、米軍のための施設・区域（以下、「米軍施設・区域」）を含めた接受国支援を引き続き提供する。また、日本は、日本の有事法制に基づく支援を含め、米軍の活動に対して、事態の進展に応じて切れ目のない支援を提供するための適切な措置をとる。双方は、在日米軍のプレゼンス及び活動に対する安定的な支持を確保するために地元と協力する。

米国の打撃力及び米国によって提供される核抑止力は、日本の防衛を確保する上で、引き続き日本の防衛力を補完する不可欠のものであり、地域の平和と安全に寄与する。

また、双方は、国際的な安全保障環境の改善の分野における役割・任務・能力に関連するいくつかの基本的考え方を以下のとおり確認した。

地域及び世界における共通の戦略目標を達成するため、国際的な安全保障環境を改善する上での二国間協力は、同盟の重要な要素となった。この目的のため、日本及び米国は、それぞれの能力に基づいて適切な貢献を行うとともに、実効的な態勢を確立するための必要な措置をとる。

迅速かつ実効的な対応のためには柔軟な能力が必要である。緊密な日米の二国間協力及び政策調整は、これに資する。第三国との間で行われるものを含む定期的な演習によって、このような能力を向上し得る。

自衛隊及び米軍は、国際的な安全保障環境を改善するための国際的な活動に寄与するため、他国との協力を強化する。

加えて、双方は、新たな脅威や多様な事態に対処すること、及び、国際的な安全保障環境を改善することの重要性が増していることにより、双方がそれぞれの防衛力を向上し、かつ、技術革新の成果を最大限に活用することが求められていることを強調した。

3　二国間の安全保障・防衛協力において向上すべき活動の例

双方は、あらゆる側面での二国間協力が、関連の安全保障政策及び法律並びに日米間の取極に従って強化されなければならないことを再確認した。役割・任務・能力の検討を通じ、双方は、いくつかの個別分野において協力を向上させることの重要性を強調した。

防空

弾道ミサイル防衛

拡散に対する安全保障構想（ＰＳＩ）といった拡散阻止活動

テロ対策

海上交通の安全を維持するための機雷掃海、海上阻止行動その他の活動

捜索・救難活動
無人機（ＵＡＶ）や哨戒機により活動の能力と実効性を増大することを含めた、情報、監視、偵察（ＩＳＲ）活動
人道救援活動
復興支援活動
平和維持活動及び平和維持のための他国の取組の能力構築
在日米軍施設・区域を含む重要インフラの警護
大量破壊兵器（ＷＭＤ）の廃棄及び除染を含む、大量破壊兵器による攻撃への対応
補給、整備、輸送といった相互の後方支援活動。補給協力には空中及び海上における給油を相互に行うことが含まれる。輸送協力には航空輸送及び高速輸送艦（ＨＳＶ）の能力によるものを含めた海上輸送を拡大し、共に実施することが含まれる。
非戦闘員退避活動（ＮＥＯ）のための輸送、施設の使用、医療支援その他関連する活動
港湾・空港、道路、水域・空域及び周波数帯の使用
双方は、以上に明記されていない他の活動分野も同盟の能力にとって引き続き重要であることを強調した。上述の項目は、更なる向上のための鍵となる分野を強調したものであり、可能な協力分野を包括的に列挙することを意図したものではない。

4　二国間の安全保障・防衛協力の態勢を強化するための不可欠な措置

上述の役割・任務・能力に関する検討に基づき、双方は、更に、新たな安全保障環境において多様な課題に対処するため、二国間の安全保障・防衛協力の態勢を強化する目的で平時からとり得る不可欠な措置を以下のとおり特定した。また、双方は、実効的な二国間の協力を確保するため、これまでの進捗に基づき、役

割・任務・能力を引き続き検討することの重要性を強調した。

緊密かつ継続的な政策及び運用面の調整

双方は、定期的な政策及び運用面の調整が、戦略環境の将来の変化や緊急事態に対する同盟の適時かつ実効的な対応を向上させることを認識した。部隊戦術レベルから戦略的な協議まで、政府のあらゆるレベルで緊密かつ継続的な政策及び運用面の調整を行うことは、不安定化をもたらす軍事力増強を抑制し、侵略を抑止し、多様な安全保障上の課題に対応する上で不可欠である。米軍及び自衛隊の間で共通の運用画面を共有することは、運用面での調整を強化するものであり、可能な場合に追求されるべきである。防衛当局と他の関係当局との間のより緊密な協力もますます必要となっている。この文脈で、双方は、1997年の日米防衛協力のための指針の下での包括的メカニズムと調整メカニズムの実効性を、両者の機能を整理することを通じて向上させる必要性を再確認した。

計画検討作業の進展

1997年の日米防衛協力のための指針が共同作戦計画についての検討及び相互協力計画についての検討の基礎となっていることを想起しつつ、双方は、安全保障環境の変化を十分に踏まえた上で、これらの検討作業が引き続き必要であることを確認した。この検討作業は、空港及び港湾を含む日本の施設を自衛隊及び米軍が緊急時に使用するための基礎が強化された日本の有事法制を反映するものとなる。双方は、この検討作業を拡大することとし、そのために、検討作業により具体性を持たせ、関連政府機関及び地方当局と緊密に調整し、二国間の枠組みや計画手法を向上させ、一般及び自衛隊の飛行場及び港湾の詳細な調査を実施し、二国間演習プログラムを強化することを通じて検討作業を確認する。

情報共有及び情報協力の向上

双方は、良く連携がとれた協力のためには共通の情勢認識が鍵であることを認識しつつ、部隊戦術レベルから国家戦略レベルに至るまで情報共有及び情報協力をあらゆる範囲で向上させる。この相互活動を円滑化するため、双方は、関連当局の間でより幅広い情報共有が促進されるよう、共有された秘密情報を保護するために必要な追加的措置をとる。

相互運用性の向上

自衛隊が統合運用体制に移行するのに際して円滑な協力を確保するため、自衛隊及び米軍は、相互運用性を維持・強化するため定期的な協議を維持する。共同の運用のための計画作業や演習における継続的な協力は、自衛隊と米軍の司令部間の連接性を強化するものであり、安全な通信能力の向上はこのような協力に資する。

日本及び米国における訓練機会の拡大

双方は、相互運用性の向上、能力の向上、即応性の向上、地元の間での訓練の影響のより公平な分散及び共同の活動の実効性の増大のため、共同訓練及び演習の機会を拡大する。これらの措置には、日本における自衛隊及び米軍の訓練施設・区域の相互使用を増大することが含まれる。また、自衛隊要員及び部隊のグアム、アラスカ、ハワイ及び米本土における訓練も拡大される。

特に、グアムにおける訓練施設を拡張するとの米国の計画は、グアムにおける自衛隊の訓練機会の増大をもたらす。

また、双方は、多国間の訓練及び演習への自衛隊及び米軍の参加により、国際的な安全保障環境の改善に対する貢献が高まるものであることを認識した。

自衛隊及び米軍による施設の共同使用

双方は、自衛隊及び米軍による施設の共同使用が、共同の活動におけるより緊密な連携や相互運用性の向上に寄与することを認識した。施設の共同使用のための具体的な機会については、兵力態勢の再編に関する勧告の中で述べられる（下記参照）。

弾道ミサイル防衛（BMD）

BMDが、弾道ミサイル攻撃を抑止し、これに対して防御する上で決定的に重要な役割を果たすとともに、他者による弾道ミサイルの開発及び拡散を抑制することができることを強調しつつ、双方は、それぞれのBMD能力の向上を緊密に連携させることとの意義を強調した。これらのBMDシステムを支援するため、弾道ミサイルの脅威に対応するための時間が限りなく短いことにかんがみ、双方は、不断の情報収集及び共有並びに高い即応性及び相互運用性の維持が決定的に重要であることを強調した。米国は、適切な場合に、日本及びその周辺に補完的な能力を追加的に展開し、日本のミサイル防衛を支援するためにその運用につき調整する。それぞれのBMD指揮・統制システムの間の緊密な連携は、実効的なミサイル防衛にとって決定的に重要となる。

双方は、1997年の日米防衛協力のための指針の下での二国間協力及び、適切な場合には、現在指針で取り上げられていない追加的な分野における二国間協力の実効性を強化し、改善することを確約した。

Ⅲ　兵力態勢の再編

双方は、沖縄を含む地元の負担を軽減しつつ抑止力を維持するとの共通のコミットメントにかんがみて、在日米軍及び関連する自衛隊の態勢について検討した。安全保障同盟に対する日本及び米国における国民一般の支持は、日本の施設・区域における米軍の持続的なプレゼンスに寄与するものであり、双方は、このような支持を強化することとの重要性を認識した。

1　指針となる考え方

検討に当たっては、双方は、二国間の役割・任務・能力についての検討を十分に念頭に置きつつ、日本における兵力態勢の再編の指針となるいくつかの考え方を設定した。

アジア太平洋地域における米軍のプレゼンスは、地域の平和と安全にとって不可欠であり、かつ、日米両国にとって決定的に重要な中核的能力である。日本は、自らの防衛について主導的な役割を果たしつつ、米軍によって提供される能力に対して追加的かつ補完的な能力を提供する。米軍及び自衛隊のプレゼンスは、地域及び世界における安全保障環境の変化や同盟における役割及び任務についての双方の評価に伴って進展しなければならない。

再編及び役割・任務・能力の調整を通じて、能力は強化される。これらの能力は、日本の防衛と地域の平和と安全に対する米国のコミットメントの信頼性を支えるものである。

柔軟かつ即応性のある指揮・統制のための司令部間の連携向上や相互運用性の向上は、日本及び米国にとって決定的に重要な中核的能力である。この文脈で、双方は、在日米軍司令部が二国間の連携を強化する上で引き続き重要であることを認識した。

定期的な訓練及び演習や、これらの目的のための施設・区域の確保は、兵力の即応性、運用能力及び相互運用性を確保する上で不可欠である。軍事上の任務及び運用上の所要と整合的な場合には、訓練を分散して行うことによって、訓練機会の多様性を増大することができるとともに、訓練が地元に与える負担を軽減するとの付随的な利益を得ることができる。

自衛隊及び米軍の施設・区域の軍事上の共同使用は、二国間協力の実効性を向上させ、効率性を高める上で有意義である。

米軍施設・区域には十分な収容能力が必要であり、また、平時における日常的な使用水準以上の収容能力は、緊急時の所要を満たす上で決定的に重要かつ戦略的な役割を果たす。この収容能力は、災害救援や被害対処の状況など、緊急時における地元の必要性を満たす上で不可欠かつ決定的に重要な能力を提供する。

米軍施設・区域が人口密集地域に集中している場所では、兵力構成の再編の可能性について特別の注意が払われる。

米軍施設・区域の軍民共同使用を導入する機会は、適切な場合に検討される。このような軍民共同使用の実施は、軍事上の任務及び運用上の所要と両立するものでなければならない。

2　再編に関する勧告

これまでに実施された精力的な協議に基づき、また、これらの基本的考え方に従って、日米安全保障条約及び関連取極を遵守しつつ、以下の具体案について国内及び二国間の調整が速やかに行われる。閣僚は、地元との調整を完了することを確約するとともに、事務当局に対して、これらの個別的かつ相互に関連する具体案を最終的に取りまとめ、具体的な実施日程を含めた計画を2006年3月までに作成するよう指示した。これらの具体案は、統一的なパッケージの要素となるものであり、パッケージ全体について合意され次第、実施が開始されるものである。双方は、これらの具体案の迅速な実施に求められる必要な措置をとることの重要性を強調した。

共同統合運用調整の強化

自衛隊を統合運用体制に変革するとの日本国政府の意思を認識しつつ、在日米軍司令部は、横田飛行場に共同統合運用調整所を設置する。この調整所の共同使用により、自衛隊と在日米軍の間の連接性、調整及び相互運用性が不断に確保される。

米陸軍司令部能力の改善

キャンプ座間の在日米陸軍司令部の能力は、展開可能で統合任務が可能な作戦司令部組織に近代化される。改編された司令部は、日本防衛や他の事態において迅速に対応するための追加的能力を有することになる。この新たな陸軍司令部とその不可分の能力を収容するため、在日米軍施設・区域について調整が行われる。また、機動運用部隊や専門部隊を一元的に運用する陸上自衛隊中央即応集団司令部をキャンプ座間に設置することが追求される。これにより司令部間の連携が強化される。この再編との関連で、キャンプ座間及び相模総合補給廠のより効果的かつ効率的な使用の可能性が探求される。

航空司令部の併置

現在府中に所在する日本の航空自衛隊航空総隊司令部及び関連部隊は、横田飛行場において米第5空軍司令部と併置されることにより、防空及びミサイル防衛の司令部組織間の連携が強化されるとともに、上記の共同統合運用調整所を通じて関連するセンサー情報が共有される。

横田飛行場及び空域

2009年に予定されている羽田空港拡張を念頭に置きつつ、横田空域における民間航空機の航行を円滑化するための措置が探求される。検討される選択肢には、米軍が管制を行っている空域の削減や、横田飛行場への日本の管制官の併置が含まれる。加えて、双方は、嘉手納のレーダー進入管制業務の移管プロセスの進捗を考慮する。あり得べき軍民共同使用のための具体的な条件や態様が、共同使用が横田飛行場の運用上の能力を損なってはならないことに留意しつつ、検討される。

ミサイル防衛

新たな米軍のXバンド・レーダー・システムの日本における最適な展開地が検討される。このレーダーは、適時の情報共有を通じて、日本に向かうミサイルを迎撃する能力、及び、日本の国民保護や被害対処のための能力を支援する。さらに、米国の条約上のコミットメントを支援するため、米国は、適切な場合に、パトリオット（PAC－3）やスタンダード・ミサイル（SM－3）といった積極防御能力を展開する。

柔軟な危機対応のための地域における米海兵隊の再編

世界的な態勢見直しの取組の一環として、米国は、太平洋における兵力構成を強化するためのいくつかの変更を行ってきている。これらの変更には、海兵隊の緊急事態への対応能力の強化や、それらの能力のハワイ、グアム及び沖縄の間での再分配が含まれる。これによって、個別の事態の性質や場所に応じて、適切な能力を伴った対応がより柔軟になる。また、これらの変更は、地域の諸国との戦域的な安全保障協力の増進を可能とするものであり、これにより、安全保障環境全般が改善される。この再編との関連で、双方は、沖縄の負担を大幅に軽減することにもなる相互に関連する総合的な措置を特定した。

普天間飛行場移設の加速：沖縄住民が米海兵隊普天間飛行場の早期返還を強く要望し、いかなる普天間飛行場代替施設であっても沖縄県外での設置を希望していることを念頭に置きつつ、双方は、将来も必要であり続ける抑止力を維持しながらこれらの要望を満たす選択肢について検討した。双方は、米海兵隊兵力のプレゼンスが提供する緊急事態への迅速な対応能力は、双方が地域に維持することを望む、決定的に重要な同盟の能力である、と判断した。さらに、双方は、航空、陸、後方支援及び司令部組織から成るこれらの能力を維持するためには、定期的な訓練、演習及び作戦においてこれらの組織が相互に連携し合うことが必要であり続けるということを認識した。このような理由から、双方は、普天間飛行場代替施設は、普天間飛行場に現在駐留する回転翼機が、日常的に活動をともにする他の組織の近くに位置するよう、沖縄県内に設けられなければならないと結論付けた。

双方は、海の深い部分にある珊瑚礁上の軍民共用施設に普天間飛行場を移設するという、１９９６年の沖縄に関する特別行動委員会（ＳＡＣＯ）の計画に関連する多くの問題のために、普天間飛行場の移設が大幅に遅延していることを認識し、運用上の能力を維持しつつ、普天間飛行場の返還を加速できるような、沖縄県内での移設のあり得べき他の多くの選択肢を検討した。双方は、この作業において、以下を含む複数の要素を考慮した。

■近接する地域及び軍要員の安全

■普天間飛行場代替施設の近隣で起こり得る、将来的な住宅及び商業開発の態様を考慮した、地元への騒音

の影響

■環境に対する悪影響の極小化

■平時及び緊急時において運用上及び任務上の所要を支援するための普天間飛行場代替施設の能力

■地元住民の生活に悪影響を与えかねない交通渋滞その他の諸問題の発生を避けるために、普天間飛行場代替施設の中に必要な運用上の支援施設、宿泊及び関連の施設を含めること

このような要素に留意しつつ、双方は、キャンプ・シュワブの海岸線の区域とこれに近接する大浦湾の水域を結ぶL字型に普天間代替施設を設置する。同施設の滑走路部分は、大浦湾から、キャンプ・シュワブの南側海岸線に沿った水域へと辺野古崎を横切ることになる。北東から南西の方向に配置される同施設の下方部分は、滑走路及びオーバーランを含み、護岸を除いた合計の長さが1800メートルとなる。格納庫、整備施設、燃料補給用の桟橋及び関連設備、並びに新たな施設の運用上必要なその他の航空支援活動は、代替施設のうち大浦湾内に建設される予定の区域に置かれる。さらに、キャンプ・シュワブ区域内の施設は、普天間飛行場に関連する活動の移転を受け入れるために、必要に応じて、再編成される。（参照：2005年10月26日付のイニシャルされた概念図（PDF））

両政府は、普天間飛行場に現在ある他の能力が、以下の調整が行われた上で、SACO最終報告にあるとおり、移設され、維持されることで一致した。

■SACO最終報告において普天間飛行場から岩国飛行場に移駐されることとなっているKC－130については、他の移駐先として、海上自衛隊鹿屋基地が優先して、検討される。双方は、最終的な配置の在り方については、現在行われている運用上及び技術上の検討を基に決定することとなる。

■緊急時における航空自衛隊新田原基地及び築城基地の米軍による使用が強化される。この緊急時の使用を支援するため、これらの基地の運用施設が整備される。また、整備後の施設は、この報告の役割・任務・能

力の部分で記載されている、拡大された二国間の訓練活動を支援することとなる。

■普天間飛行場代替施設では確保されない長い滑走路を用いた活動のため、緊急時における米軍による民間施設の使用を改善する。

双方は、上述の措置を早期に実現することが、長期にわたり望まれてきた普天間飛行場返還の実現に加えて、沖縄における海兵隊のプレゼンスを再編する上で不可欠の要素であることを認識した。

兵力削減：上記の太平洋地域における米海兵隊の能力再編に関連し、第3海兵機動展開部隊（ⅢMEF）司令部はグアム及び他の場所に移転され、また、残りの在沖縄海兵隊部隊は再編されて海兵機動展開旅団（MEB）に縮小される。この沖縄における再編は、約7000名の海兵隊将校及び兵員、並びにその家族の沖縄外への移転を含む。これらの要員は、海兵隊航空団、戦務支援群及び第3海兵師団の一部を含む、海兵隊の能力（航空、陸、後方支援及び司令部）の各組織の部隊から移転される。

日本国政府は、このような兵力の移転が早期に実現されることへの沖縄住民の強い希望を認識しつつ、米国政府と協力して、これらのグアムへの移転を実現可能とするための適切な資金的その他の措置を見出すための検討を行う。

土地の返還及び施設の共同使用：上記の普天間飛行場移設及び兵力削減が成功裡に行われることが、兵力の更なる統合及び土地の返還を可能にすることを認識しつつ、双方は、沖縄に残る海兵隊部隊を、土地の総面積を縮小するように統合する構想について議論した。これは、嘉手納飛行場以南の人口が集中している地域にある相当規模の土地の返還を可能にする。米国は、日本国政府と協力して、この構想の具体的な計画を作成し、実施する意思を強調した。

さらに、自衛隊がアクセスを有する沖縄の施設が限られており、またその大半が都市部にあることを認識しつつ、米国は、日本国政府と協力して、嘉手納飛行場、キャンプ・ハンセンその他の沖縄にある米軍施設・

区域の共同使用を実施する意思も強調した。このような共同使用は、この報告の役割・任務・能力の部分に記述されているように、共同訓練並びに自衛隊及び米軍の間の相互運用性を促進し、それにより、全体的な同盟の能力を強化するものと双方は考える。

SACO最終報告の着実な実施：双方は、この文書における勧告によって変更されない限りにおいて、SACO最終報告の着実な実施の重要性を確認した。

空母艦載機の厚木飛行場から岩国飛行場への移駐

米空母及び艦載機の長期にわたる前方展開の能力を確保するため、空母艦載ジェット機及びE－2C飛行隊は、厚木飛行場から、滑走路移設事業終了後には周辺地域の生活環境への影響がより少ない形で安全かつ効果的な航空機の運用のために必要な施設及び訓練空域を備えることとなる岩国飛行場に移駐される。岩国飛行場における運用の増大による影響を緩和するため、以下の関連措置がとられる。

海上自衛隊EP－3、OP－3、UP－3飛行隊等の岩国飛行場から厚木飛行場への移駐。

すべての米海軍及び米海兵隊航空機の十分な即応性の水準の維持を確保するための訓練空域の調整。

空母艦載機離発着訓練のための恒常的な訓練施設の特定。それまでの間、現在の暫定的な措置に従い、米国は引き続き硫黄島で空母艦載機離発着訓練を実施する。日本国政府は、米海軍航空兵力の空母艦載機離発着訓練のために受け入れ可能な恒常的な訓練施設を提供するとのコミットメントを再確認する。

KC－130を受け入れるために海上自衛隊鹿屋基地において必要な施設の整備。これらの施設は、同盟の能力及び柔軟性を増大するために、日本の他の場所からの追加的な自衛隊又は米軍のC－130又はP－3航空機の一時的な展開を支援するためにも活用される。

岩国飛行場に配置される米海軍及び米海兵隊部隊、並びに民間航空の活動を支援するために必要な追加的施設、インフラ及び訓練区域の整備。

訓練の移転

この報告で議論された二国間の相互運用性を向上させる必要性に従うとともに、訓練活動の影響を軽減するとの目標を念頭に、嘉手納飛行場を始めとして、三沢飛行場や岩国飛行場といった米軍航空施設から他の軍用施設への訓練の分散を拡大することに改めて注意が払われる。

在日米軍施設の収容能力の効率的使用

在日米軍施設の収容能力の効率的使用に関連して、米国と日本国政府及び地元との協力を強化するための機会が、運用上の要請及び安全性と整合的な場合に追求される。例えば、双方は、災害救援や被害対処といった緊急時における地元の必要性を満たすため、相模総合補給廠の収容能力を活用する可能性を探求する。

この報告の他の部分で取り扱われなかった米軍施設・区域及び兵力構成における将来の変更は、日米安全保障条約及びその関連取極の下での現在の慣行に従って取り扱われる。

●再編実施のための日米のロードマップ

平成18年5月1日

ライス国務長官　ラムズフェルド国防長官　麻生外務大臣　額賀防衛庁長官

概観

2005年10月29日、日米安全保障協議委員会の構成員たる閣僚は、その文書「日米同盟：未来のための変革と再編」において、在日米軍及び関連する自衛隊の再編に関する勧告を承認した。その文書において、閣僚は、それぞれの事務当局に対して、「これらの個別的かつ相互に関連する具体案を最終的に取りまとめ、具体的な実施日程を含めた計画を2006年3月までに作成するよう」指示した。この作業は完了し、この文書に反映されている。

再編案の最終取りまとめ

個別の再編案は統一的なパッケージとなっている。これらの再編を実施することにより、同盟関係にとって死活的に重要な在日米軍のプレゼンスが確保されることとなる。

これらの案の実施における施設整備に要する建設費その他の費用は、明示されない限り日本国政府が負担するものである。米国政府は、これらの案の実施により生ずる運用上の費用を負担する。両政府は、再編に関連する費用を、地元の負担を軽減しつつ抑止力を維持するという、2005年10月29日の日米安全保障協議委員会文書におけるコミットメントに従って負担する。

実施に関する主な詳細

1　沖縄における再編

(a)　普天間飛行場代替施設

日本及び米国は、普天間飛行場代替施設を、辺野古岬とこれに隣接する大浦湾と辺野古湾の水域を結ぶ形で設置し、V字型に配置される2本の滑走路はそれぞれ1600メートルの長さを有し、2つの100メートルのオーバーランを有する。各滑走路の在る部分の施設の長さは、護岸を除いて1800メートルとなる(別添の2006年4月28日付概念図参照(PDF))。この施設は、合意された運用上の能力を確保するとともに、安全性、騒音及び環境への影響という問題に対処するものである。

合意された支援施設を含めた普天間飛行場代替施設をキャンプ・シュワブ区域に設置するため、キャンプ・シュワブの施設及び隣接する水域の再編成などの必要な調整が行われる。

普天間飛行場代替施設の建設は、2014年までの完成が目標とされる。

普天間飛行場代替施設への移設は、同施設が完全に運用上の能力を備えた時に実施される。普天間飛行場の能力を代替することに関連する、航空自衛隊新田原基地及び築城基地の緊急時の使用のための施設整備は、実地調査実施の後、普天間飛行場の返還の前に、必要に応じて、行われる。

民間施設の緊急時における使用を改善するための所要が、二国間の計画検討作業の文脈で検討され、普天間飛行場の返還を実現するために適切な措置がとられる。

普天間飛行場代替施設の工法は、原則として、埋立てとなる。

米国政府は、この施設から戦闘機を運用する計画を有していない。

（b）兵力削減とグアムへの移転

約8000名の第3海兵機動展開部隊の要員と、その家族約9000名は、部隊の一体性を維持するような形で2014年までに沖縄からグアムに移転する。移転する部隊は、第3海兵機動展開部隊の指揮部隊、第3海兵師団司令部、第3海兵後方群（戦務支援群から改称）司令部、第1海兵航空団司令部及び第12海兵連隊司令部を含む。

対象となる部隊は、キャンプ・コートニー、キャンプ・ハンセン、普天間飛行場、キャンプ瑞慶覧及び牧港補給地区といった施設から移転する。

沖縄に残る米海兵隊の兵力は、司令部、陸上、航空、戦闘支援及び基地支援能力といった海兵空地任務部隊の要素から構成される。

第3海兵機動展開部隊のグアムへの移転のための施設及びインフラの整備費算定額102・7億ドルのうち、日本は、これらの兵力の移転が早期に実現されることへの沖縄住民の強い希望を認識しつつ、これらの兵力の移転が可能となるよう、グアムにおける施設及びインフラ整備のため、28億ドルの直接的な財政支援を含め、60・9億ドル（2008米会計年度の価格）を提供する。米国は、グアムへの移転のための施設及びインフラ整備費の残りを負担する。これは、2008米会計年度の価格で算定して、財政支出31・8億ドルと道路のための約10億ドルから成る。

(c) 土地の返還及び施設の共同使用

普天間飛行場代替施設への移転、普天間飛行場の返還及びグアムへの第3海兵機動展開部隊要員の移転に続いて、沖縄に残る施設・区域が統合され、嘉手納飛行場以南の相当規模の土地の返還が可能となる。

双方は、2007年3月までに、統合のための詳細な計画を作成する。この計画においては、以下の6つの候補施設について、全面的又は部分的な返還が検討される。

キャンプ桑江：全面返還。

キャンプ瑞慶覧：部分返還及び残りの施設とインフラの可能な限りの統合。

普天間飛行場：全面返還（上記の普天間飛行場代替施設の項を参照）。

牧港補給地区：全面返還。

那覇港湾施設：全面返還（浦添に建設される新たな施設（追加的な集積場を含む。）に移設）。

陸軍貯油施設第1桑江タンク・ファーム：全面返還。

返還対象となる施設に所在する機能及び能力で、沖縄に残る部隊が必要とするすべてのものは、沖縄の中で移設される。これらの移設は、対象施設の返還前に実施される。

SACO最終報告の着実な実施の重要性を強調しつつ、SACOによる移設・返還計画については、再評価が必要となる可能性がある。

キャンプ・ハンセンは、陸上自衛隊の訓練に使用される。施設整備を必要としない共同使用は、2006年から可能となる。

航空自衛隊は、地元への騒音の影響を考慮しつつ、米軍との共同訓練のために嘉手納飛行場を使用する。

（d）再編案間の関係

全体的なパッケージの中で、沖縄に関連する再編案は、相互に結びついている。特に、嘉手納以南の統合及び土地の返還は、第3海兵機動展開部隊要員及びその家族の沖縄からグアムへの移転完了に懸かっている。

沖縄からグアムへの第3海兵機動展開部隊の移転は、（1）普天間飛行場代替施設の完成に向けた具体的な進展、（2）グアムにおける所要の施設及びインフラ整備のための日本の資金的貢献に懸かっている。

2　米陸軍司令部能力の改善

キャンプ座間の米陸軍司令部は2008米会計年度までに改編される。その後、陸上自衛隊中央即応集団司令部が、2012年度（以下、日本国の会計年度）までにキャンプ座間に移転する。自衛隊のヘリコプターは、キャンプ座間のキャスナー・ヘリポートに出入りすることができる。

在日米陸軍司令部の改編に伴い、戦闘指揮訓練センターその他の支援施設が、米国の資金で相模総合補給廠内に建設される。

この改編に関連して、キャンプ座間及び相模総合補給廠の効率的かつ効果的な使用のための以下の措置が実施される。

相模総合補給廠の一部は、地元の再開発のため（約15ヘクタール）、また、道路及び地下を通る線路のため（約2ヘクタール）に返還される。影響を受ける住宅は相模原住宅地区に移設される。

相模総合補給廠の北西部の野積場の特定の部分（約35ヘクタール）は、緊急時や訓練目的に必要である時を除き、地元の使用に供される。

キャンプ座間のチャペル・ヒル住宅地区の一部（1・1ヘクタール）は、影響を受ける住宅のキャンプ座間内での移設後に、日本国政府に返還される。チャペル・ヒル住宅地区における、あり得べき追加的な土地返還に関する更なる協議は、適切に行われる。

3 **横田飛行場及び空域**

航空自衛隊航空総隊司令部及び関連部隊は、2010年度に横田飛行場に移転する。施設の使用に関する共同の全体計画は、施設及びインフラの所要を確保するよう作成される。

横田飛行場の共同統合運用調整所は、防空及びミサイル防衛に関する調整を併置して行う機能を含む。日本国政府及び米国政府は、自らが必要とする装備やシステムにつきそれぞれ資金負担するとともに、双方は、共用する装備やシステムの適切な資金負担について調整する。

軍事運用上の所要を満たしつつ、横田空域における民間航空機の航行を円滑化するため、以下の措置が追求される。

民間航空の事業者に対して、横田空域を通過するための既存の手続について情報提供するプログラムを2006年度に立ち上げる。

横田空域の一部について、2008年9月までに管制業務を日本に返還する。返還される空域は、2006年10月までに特定される。

横田空域の一部について、軍事上の目的に必要でないときに管制業務の責任を一時的に日本国の当局に移管するための手続を2006年度に作成する。

日本における空域の使用に関する、民間及び（日本及び米国の）軍事上の所要の将来の在り方を満たすような、関連空域の再編成や航空管制手続の変更のための選択肢を包括的に検討する一環として、横田空域全体のあり得べき返還に必要な条件を検討する。この検討は、嘉手納レーダー進入管制業務の移管の経験から得られる教訓や、在日米軍と日本の管制官の併置の経験から得られる教訓を考慮する。この検討は2009年度に完了する。

日本国政府及び米国政府は、横田飛行場のあり得べき軍民共同使用の具体的な条件や態様に関する検討を実施し、開始から12か月以内に終了する。

この検討は、共同使用が横田飛行場の軍事上の運用や安全及び軍事運用上の能力を損なってはならないとの共通の理解の下で行われる。

両政府は、この検討の結果に基づき協議し、その上で軍民共同使用に関する適切な決定を行う。

4　厚木飛行場から岩国飛行場への空母艦載機の移駐

第5空母航空団の厚木飛行場から岩国飛行場への移駐は、F／A－18、EA－6B、E－2C及びCQ－2航空機から構成され、（1）必要な施設が完成し、（2）訓練空域及び岩国レーダー進入管制空域の調整が行われた後、2014年までに完了する。

厚木飛行場から行われる継続的な米軍の運用の所要を考慮しつつ、厚木飛行場において、海上自衛隊EP－3、OP－3、UP－3飛行隊等の岩国飛行場からの移駐を受け入れるための必要な施設が整備される。

KC－130飛行隊は、司令部、整備支援施設及び家族支援施設とともに、岩国飛行場を拠点とする。航空機は、訓練及び運用のため、海上自衛隊鹿屋基地及びグアムに定期的にローテーションで展開する。KC－130航空機の展開を支援するため、鹿屋基地において必要な施設が整備される。

海兵隊CH－53Dは、第3海兵機動展開部隊の要員が沖縄からグアムに移転する際に、岩国飛行場からグアムに移転する。

訓練空域及び岩国レーダー進入管制空域は、米軍、自衛隊及び民間航空機（隣接する空域内のものを含む）の訓練及び運用上の所要を安全に満たすよう、合同委員会を通じて、調整される。

恒常的な空母艦載機離発着訓練施設について検討を行うための二国間の枠組みが設けられ、恒常的な施設を2009年7月又はその後のできるだけ早い時期に選定することを目標とする。

将来の民間航空施設の一部が岩国飛行場に設けられる。

5　ミサイル防衛

双方が追加的な能力を展開し、それぞれの弾道ミサイル防衛能力を向上させることに応じて、緊密な連携が継続される。

新たな米軍のXバンド・レーダー・システムの最適な展開地として航空自衛隊車力分屯基地が選定された。レーダーが運用可能となる2006年夏までに、必要な措置や米側の資金負担による施設改修が行われる。

米国政府は、Xバンド・レーダーのデータを日本国政府と共有する。

米軍のパトリオットPAC－3能力が、日本における既存の米軍施設・区域に展開され、可能な限り早い時期に運用可能となる。

6　訓練移転

双方は、2007年度からの共同訓練に関する年間計画を作成する。必要に応じて、2006年度における補足的な計画が作成され得る。

当分の間、嘉手納飛行場、三沢飛行場及び岩国飛行場の3つの米軍施設からの航空機が、千歳、三沢、百里、小松、築城及び新田原の自衛隊施設から行われる移転訓練に参加する。双方は、将来の共同訓練・演習のための自衛隊施設の使用拡大に向けて取り組む。

日本国政府は、実地調査を行った上で、必要に応じて、自衛隊施設における訓練移転のためのインフラを改善する。

移転される訓練については、施設や訓練の所要を考慮して、在日米軍が現在得ることのできる訓練の質を低下させることはない。

一般に、共同訓練は、1回につき1～5機の航空機が1～7日間参加するものから始め、いずれ、6～12

機の航空機が8～14日間参加するものへと発展させる。

共同使用の条件が合同委員会合意で定められている自衛隊施設については、共同訓練の回数に関する制限を撤廃する。各自衛隊施設の共同使用の合計日数及び1回の訓練の期間に関する制限は維持される。

日本国政府及び米国政府は、即応性の維持が優先されることに留意しつつ、共同訓練の費用を適切に分担する。

●第三海兵機動展開部隊の要員及びその家族の沖縄からグアムへの移転の実施に関する日本国政府とアメリカ合衆国政府との間の協定

日本国政府及びアメリカ合衆国政府は、千九百六十年一月十九日にワシントンで署名された日本国とアメリカ合衆国との間の相互協力及び安全保障条約に基づく日米安全保障体制が共通の安全保障上の目標を達成するための基礎であることを確認し、二千六年五月一日の日米安全保障協議委員会の会合において、関係閣僚が、安全保障協議委員会文書「再編の実施のための日米ロードマップ」（以下「ロードマップ」という。）に記載された再編案の実施が同盟関係における協力において新たな段階をもたらすものであり、かつ、沖縄県を含む地域社会の負担を軽減し、もって安全保障上の同盟関係に対する国民の支持を高める基礎を提供するものであると認識したことを想起し、グアムが合衆国海兵隊部隊の前方での駐留のために重要であって、その駐留がアジア太平洋地域における安全保障についての合衆国の約束に保証を与え、かつ、この地域における抑止力を強化するものであると両政府が認識していることを強調し、ロードマップにおいて、沖縄における再編との関係で兵力の削減及びグアムへの移転の重要性が強調され、並びに第三海兵機動展開部隊の要員約八千人及びその家族約九千人が部隊としての一体性を維持するような方法で二千十四年までに沖縄からグアムに移転することが記載されていることを再確認し、また、このような移転が嘉手納飛行場以南の施設及び区域の統合並びに土地の返還を実現するものであることを認識し、ロードマップにおいて、合衆国海兵隊CH—五十三Dヘリコプターは第三海兵機動展開部隊の要員が沖縄からグアムに移転する際に海兵隊岩国飛行場からグアムに移転し、KC—百三十飛行隊はその司令部、整備のための施設及び家族のための施設と共に海兵隊岩国飛行場を本拠とし、並びにその航空機は訓練又は運用のために海上自衛隊鹿屋基地及びグアムに交替で定期的に展開することが記載されていることを想起し、ロードマップにおいて、第三海兵機動展開部隊のグアムへの移転のための施設及び基盤の整備に係る費用の見積額百二億七千万合衆国ドル（一〇、二七〇、〇〇〇、〇〇〇ドル）のうち、日本国は、沖縄県の住民が同部隊の移転が速やかに実現されることを強く希望していることを認識して、同部隊の移転を可能とするようグアムにおける施設及び基盤を整備するため、合衆国の二千八会計年度ドルで二十八億合衆国ドル（二、八〇〇、〇〇〇、〇〇〇ドル）の直接的に提供する資金を含む六十億九千万合衆国ドル（六、〇九〇、〇〇〇、〇〇〇ドル）を提供することが記載されていることを再確認し、また、合衆国は、グアムへの移転のための施設及び基盤の整備に係る費用の残額、すなわち、合衆国の二千八会計年度ドルで算定して三十一億八千万合衆国ドル（三、一八〇、〇〇〇、〇〇〇ドル）の財政支出に道路の整備のための約十億合衆国ドル（一、〇〇〇、〇〇〇、〇〇〇ドル）を加えた額を拠出することがロードマップに記載されていることを再確認し、ロードマップにおいて、その全体が一括の再編案となっている中で、沖縄に関連する再編案は、相互に関連していること、すなわち、嘉手納飛行場以南の施設及び区域の統合並びに土地の返還は、第三海兵機動展開部隊の要員及びその家族の沖縄からグアムへの移転を完了することにかかっており、並びに同部隊の沖縄からグアムへの移転は、普天間飛行場の代替施設の完成に向けての具体的な進展並びにグアムにおいて必要となる施設及び基盤の整備に対する日本国の資金面での貢献にかかっていることが記載されていることを想起して、次のとおり協定した。

第一条　1　日本国政府は、第九条1の規定に従い、アメリカ合衆国政府に対し、第三海兵機動展開部隊の要員約八千人及びその家族約九千人の沖縄からグアムへの移転（以下「移転」という。）のための費用の一部として、合衆国の二千八会計年度ドルで二十八億合衆国ドル（二、八〇〇、〇〇〇、〇〇〇ドル）の額を限度として資金の提供を行う。

2　日本国の各会計年度において予算に計上されるべき日本国が提供する資金の額は、両政府間の協議を通じて日本国政府が決定し、及び日本国の各会計年度において両政府が締結する別途の取極（以下「別途の取極」という。）に記載する。

第二条　アメリカ合衆国政府は、第九条2の規定に従い、グアムにおける施設及び基盤を整備する同政府の事業への資金の拠出を含む移転のために必要な措置をとる。

第三条　移転は、ロードマップに記載された普天間飛行場の代替施設の完成に向けての日本国政府による具体的な進展にかかっている。日本国政府は、アメリカ合衆国政府との緊密な協力により、ロードマップに記載された普天間飛行場の代替施設を完成する意図を有する。

第四条　アメリカ合衆国政府は、日本国が提供した資金及び当該資金から生じた利子を、グアムにおける施設及び基盤を整備する移転のための事業にのみ使用する。

第五条　アメリカ合衆国政府は、日本国の提供する資金が拠出される移転のための事業に係る調達を行う過程に参加するすべての者が公正、公平かつ衡平に取り扱われることを確保する。

第六条　日本国政府は日本国防衛省を実施当局に指定し、アメリカ合衆国政府はアメリカ合衆国国防省を実施当局に指定する。両政府は、実施当局が従うべき実施のための指針及び次条1(a)に規定する個別の事業について専門家間で協議を行う。そのような協議を通じて、アメリカ合衆国政府は、日本国政府が当該事業の実施に適切な方法で関与することを確保する。

第七条　1(a)　日本国の各会計年度において日本国の提供する資金が拠出される個別の事業は、両政府間で合意し、及び別途の取極に記載する。(b)アメリカ合衆国政府は、日本国政府が資金の提供を行う合衆国財務省勘定を維持する。アメリカ合衆国政府は、当該勘定の下に日本国の各会計年度において日本国が提供する資金のための小勘定を開設し、及び維持する。

2　日本国が提供した資金及び個別の事業に支払うことが契約上約束された当該資金から生じた利子は、前条に規定する実施当局の間で合意される指数を用いた計算方法に基づき、合衆国の二千八会計年度ドルで二十八億合衆国ドル（二、八〇〇、〇〇〇、〇〇〇ドル）の額を限度として日本国が提供すべき資金の総額に繰り入れられる。

3　(a)　(b)に規定する場合を除くほか、日本国の同一の会計年度において日本国の提供した資金が拠出されたすべての個別の事業に係るすべての契約の終了後に日本国が提供した資金に未使用残額がある場合には、アメリカ合衆国政府は、日本国政府に対し、当該未使用残額を返還する。契約の終了は、更なる財政上及び契約上の責任からアメリカ合衆国政府を解除する文書の受領によって証明されるものとする。(b)アメリカ合衆国政府は、未使用残額を、日本国政府の実施当局の同意を得て、日本国の同一の会計年度において日本国の提供した資金が拠出された他の個別の事業のために使用することができる。

4　(a)　(b)に規定する場合を除くほか、日本国の提供した資金が拠出された最後の個別の事業に係るすべての契約の終了後、アメリカ合衆国政府は、日本国政府に対し、日本国が提供した資金から生じた利子を返還する。契約の終了は、更なる財政上及び契約上の責任からアメリカ合衆国政府を解除する文書の受領によって証明されるものとする。(b)アメリカ合衆国政府は、日本国が提供した資金から生じた利子を、日本国政府の実施当局の同意を得て、日本国の提供した資金が拠出された事業のために使用することができる。

5　アメリカ合衆国政府は、日本国政府に対し、毎月、合衆国財務省勘定（日本国が提供した資金に関係するすべての小勘定を含む。）における取引に関する報告書を提出する。

第八条　アメリカ合衆国政府は、同政府が日本国の提供した資金が拠出された施設及び基盤に重大な影響を与えるおそれのある変更を検討する場合には、日本国政府と協議を行い、かつ、日本国の懸念を十分に考慮に入れて適切な措置をとる。

第九条　1　第一条1に規定する日本国の資金の提供は、第二条に規定する措置においてアメリカ合衆国政府による資金の拠出があることを条件とする。

2　第二条に規定する合衆国の措置は、(1)移転のための資金が利用可能であること、(2)ロードマップに記載された普天間飛行場の代替施設の完成に向けての日本国政府による具体的な進展があること及び(3)ロードマップに記載された日本国の資金面での貢献があることを条件とする。

第十条　両政府は、この協定の実施に関して相互に協議する。

第十一条　この協定は、日本国及びアメリカ合衆国によりそれぞれの国内法上の手続に従って承認されなければならない。この協定は、その承認を通知する外交上の公文が交換された日に効力を生ずる。

以上の証拠として、下名は、署名のために正当に委任を受けてこの協定に署名した。

二千九年二月十七日に東京で、ひとしく正文である日本語及び英語により本書二通を作成した。

●日米安保条約　改定50年　日米安保協議委員会（2プラス2）の共同声明

２０１０年1月20日

「日本国とアメリカ合衆国との間の相互協力及び安全保障条約」（日米安全保障条約）の署名50周年に当たり、日米安全保障協議委員会（ＳＣＣ）の構成員たる閣僚は、日米同盟が、日米両国の安全と繁栄とともに、地域の平和と安定の確保にも不可欠な役割を果たしていることを確認する。日米同盟は、日米両国が共有する価値、民主的理念、人権の尊重、法の支配、そして共通の利益を基礎としている。日米同盟は、過去半世紀にわたり、日米両国の安全と繁栄の基盤として機能してきており、閣僚は、日米同盟が引き続き21世紀の諸課題に有効に対応するよう万全を期して取り組む決意である。日米安保体制は、アジア太平洋地域における繁栄を促すとともに、グローバル及び地域の幅広い諸課題に関する協力を下支えするものである。閣僚は、この体制をさらに発展させ、新たな分野での協力に拡大していくことを決意している。

過去半世紀の間、冷戦の終焉（しゅうえん）及び国境を超えた脅威の顕在化に示されるように、国際的な安全保障環境は劇的に変化した。アジア太平洋地域において、不確実性・不安定性は依然として存在しており、国際社会全体においても、テロ、大量破壊兵器とその運搬手段の拡散といった新たな脅威が生じている。このような安全保障環境の下、日米安保体制は、引き続き日本の安全とともにアジア太平洋地域の平和と安定を維持するために不可欠な役割を果たしていく。閣僚は、同盟に対する国民の強固な支持を維持していくことを特に重視している。閣僚は、沖縄を含む地元の基地負担を軽減するとともに、変化する安全保障環境の中で米軍の適切な駐留を含む抑止力を維持する現在進行中の努力を支持し、これによって、安全保障を強化し、同盟が引き続き地域の安定の礎石であり続けることを確保する。

日米同盟は、すべての東アジア諸国の発展・繁栄のもととなった平和と安定を東アジアに提供している。あらゆる種類の顕在化する21世紀の脅威や地域及びグローバルな継続的課題に直面する中、日米同盟は、注意深く、柔軟であり、かつ、対応可能であり続ける。この地域における最も重要な共通戦略目標は、日本の安全を保障し、この地域の平和と安定を維持することである。日本及び米国は、これらの目標を脅かし得る事態に対処する能力を強化し続ける。日本と米国は、北朝鮮の核・ミサイル計画による脅威に対処するとともに、人道上の問題に取り組むため、日米で緊密に協力するとともに、6カ国協議を含むさまざまな国際的な場を通じて日米のパートナーとも協力している。閣僚は、中国が国際場裏において責任ある建設的な役割を果たすことを歓迎し、日本及び米国が中国との協力関係を発展させるために努力することを強調する。日本及び米国はまた、アジア太平洋地域における地域的協力を強化していく。日本及び米国は、この地域及びそれを超えて、自然災害に対処し、人道支援を行っていくために協力していく。日本及び米国は、変化する安全保障環境の中で、共通の利益を有する幅広い分野において、米軍と日本の自衛隊との間の協力を含め、協力を深化させていく。

閣僚は、グローバルな文脈における日米同盟の重要性を認識し、さまざまなグローバルな脅威に対処していく上で、緊密に協力していく決意であることを改めて確認する。日本及び米国は、必要な抑止力を維持しつつ、大量破壊兵器の拡散を防止し、核兵器のない世界の平和と安全を追求する努力を強化する。日本及び米国は、国際テロに対する戦いにおいて緊密に協力することとも決意している。日本と米国による現在進行中の海賊対処に関する取り組みと協力は、航行の自由と船員の安全を維持し続けるために不可欠である。

日米安全保障条約署名50周年に当たり、閣僚は、過去に日米同盟が直面してきた課題から学び、さらに揺るぎない日米同盟を築き、21世紀の変化する環境にふさわしいものとすることを改めて決意する。このため、閣僚は、幅広い分野における日米安保協力をさらに推進し、深化するために行っている対話を強化する。

日本及び米国は、国際的に認められた人権水準、国際連合憲章の目的と原則、そして、この条約の目的、すなわち、相互協力及び安全保障を促進し、日米両国の間に存在する平和及び友好の関係を強化し、民主主義の諸原則、個人の自由及び法の支配を擁護することに改めてコミットする。（岡田克也外相、北沢俊美防衛相、クリントン米国務長官、ゲーツ米国防長官）

著者略歴

小西　誠（こにし　まこと）

1949年宮崎県生まれ。空自航空生徒隊10期生。「米兵自衛官人権ホットライン」事務局長。軍事批評家。

著書に『反戦自衛官』（合同出版）、『自衛隊の兵士運動』（三一新書）、『自衛隊の対テロ作戦』『自衛隊のイラク派兵』『隊友よ、侵略の銃はとるな』『ネコでもわかる？ 有事法制』『現代革命と軍隊』『公安警察の犯罪』『検証 内ゲバＰＡＲＴ１・ＰＡＲＴ２』『検証 党組織論』『自衛隊そのトランスフォーメーション』（以上、社会批評社）、『マルクス主義軍事論入門』（新泉社）ほか多数。

日米安保再編と沖縄

――最新沖縄・安保・自衛隊情報

2010年４月15日　第1刷発行

定　価　（本体1600円＋税）

著　者　小西誠

装　幀　佐藤俊男

発　行　株式会社　社会批評社

東京都中野区大和町1-12-10小西ビル

電話／03-3310-0681　FAX／03-3310-6561

郵便振替／00160-0-161276

ＵＲＬ　http://www.alpha-net.ne.jp/users2/shakai/top/shakai.htm

Email　shakai@mail3.alpha-net.ne.jp

印　刷　モリモト印刷株式会社